软件测试基础

余久久　编著

清华大学出版社

北京

内 容 简 介

本书按照地方应用型本科软件测试课程的教学要求和特点编写。坚持面向"对从事软件测试行业感兴趣，但自身软件测试基础却为零"的读者，着眼于现代软件测试的一些基础性知识，以软件测试的基本概念为引领，从实际问题出发，本着"强调基础，理论适度，突出应用，增强职业素养"的原则编写，由浅入深，循序渐进地引导软件测试零基础读者学习软件测试，激发他们的学习兴趣。

全书内容共分为 7 章，包括软件测试概论、软件的测试分析与设计、黑盒测试、白盒测试、软件测试过程、软件功能测试与非功能性测试、软件测试的发展与未来等内容。每章后配有习题，帮助学生巩固所学知识点。

本书适合作为地方应用型本科高校软件工程、计算机科学与技术、网络工程、信息技术类等专业的软件测试课程教材，也可作为现代 IT 行业软件测试岗位新入职人员的参考书或培训书籍，还可作为参加国际软件测试工程师认证(ISTQB)考试(基础级)的参考资料。

图书在版编目(CIP)数据

软件测试基础/余久久编著.—北京：清华大学出版社，2020.8（2022.5重印）
ISBN 978-7-302-55602-2

Ⅰ. ①软⋯　Ⅱ. ①余⋯　Ⅲ. ①软件—测试　Ⅳ. ①TP311.5

中国版本图书馆 CIP 数据核字(2020)第 089371 号

责任编辑：张　玥
封面设计：常雪影
责任校对：胡伟民
责任印制：刘海龙

出版发行：清华大学出版社
　　　　网　　　址：http://www.tup.com.cn，http://www.wqbook.com
　　　　地　　　址：北京清华大学学研大厦 A 座　　　　邮　　编：100084
　　　　社 总 机：010-83470000　　　　　　　　　　邮　　购：010-62786544
　　　　投稿与读者服务：010-62776969，c-service@tup.tsinghua.edu.cn
　　　　质量反馈：010-62772015，zhiliang@tup.tsinghua.edu.cn
　　　　课件下载：http://www.tup.com.cn，010-83470236
印　刷　者：北京富博印刷有限公司
装　订　者：北京市密云县京文制本装订厂
经　　　销：全国新华书店
开　　　本：185mm×260mm　　　印　　张：13　　　字　　数：328 千字
版　　　次：2020 年 8 月第 1 版　　　印　　次：2022 年 5 月第 3 次印刷
定　　　价：44.50元

产品编号：085850-01

前 言

INTRODUCTION

软件测试是什么？很多人都会不假思索地说出答案：发现软件中的缺陷，找出程序中的 bug。这样的回答固然没错，然而在很多情况下，为什么软件企业最终开发出来的软件产品会有那么多问题？为什么总会存在一些与用户需求不一致的地方？这需要深入思考。软件企业需要考虑如何能在软件开发的过程中尽早、尽快地发现软件中的缺陷，有效预防缺陷的产生，以提高软件的质量与可靠性，降低软件的后期修复成本。所以，软件测试在保障软件质量方面发挥着极其重要的作用，目前已得到软件产业界、学术界乃至教育界的高度重视。

从教育教学的角度出发，软件测试已由早期大学软件工程课程中的一章内容发展到一门独立的课程，国内很多工科高校的本科计算机类、软件类、信息技术类专业也都开设了软件测试这门课程。国内外学术界也一直把软件测试作为一门独立的科学在研究，现代软件测试及其相关技术也是国内很多高校教师感兴趣的研究课题。与软件开发一样，软件测试已成为当前 IT 行业中的一门重要职业。很多软件企业都期望培养出大量合格的软件测试人才，尽早发现软件中的各类错误，以减少软件后期的开发及维护成本。在我国，软件测试也已经逐步渗透到各个行业领域，成为不可或缺的工作环节。国内很多软件企业大都设置了独立的软件测试(质量保证)部门，已逐渐实现了从软件产品模式向软件服务模式的思想转变，尤其重视对高水平软件测试人才的培养工作，对软件测试在人员配备和资金投入方面的比重日益增加。目前，越来越多的 IT 行业技术人员愿意从事软件测试及其相关工作。

当前，市面上出版的软件测试方面的大学教材比较多，介绍的理论知识及其应用案例很全面，也很有深度。有些教材充分依托某一个实际的企业级测试项目(案例)，要求学生搭建实际的测试环境，并提倡在实际测试环境下"实训与实战"；有些教材内容主要围绕对一些主流软件测试工具的介绍，强调用对测试工具的熟练操作(应用)来培养学生的工程实践能力等。这样的教学思路固然新颖，但前提是要对所教学生的实际认知能力进行合理性的评估。编者长期从事地方应用型本科高校计算机类专业及软件工程专业的主干课程的教学及指导实践工作,在教学中发现,尽管越来越多的在校大学生对软件测试职业感兴趣,毕业后很愿意从事软件测试的相关工作,但是一个不容忽视的问题就是这些学生大都是"软件测试零基础",在校学习期间没有任何实际软件项目实习、实训经历(甚至不少学生是文科出身,还存在对一些高级程序设计语言掌握不扎实的情况),更缺乏一定的现代软件工程方面的专业基础知识。加之其数学知识又较薄弱,没有实际软件项目开发经验,因此认为软件测试课程内容空洞乏味,理解起来难度很大,学习效果不是很好。

基于此,针对应用型本科在校学生"软件测试零基础"的认知特点,编者通过对软件测试的了解与感悟,结合多年的一线教学实践,认真而系统地梳理了课程讲义后精心编写了《软件测试基础》一书。该书定位于"软件测试零基础"的读者(主要是在校大学生),阐述现代软件测试领域的一些基础性知识,培养学生从事软件测试职业的兴趣。从对软件测试基础性知识的普及与实用角度出发,使在校学生能快速而轻松地了解软件测试的知识体系及当前软件测试职业的岗位需求,提高分析与解决实际问题的能力,提升软件测试职业素养,与 IT 行业软件测试岗位形成无缝衔接。最后需要说明的是,软件测试技术能力的提升绝不是仅通过在校期间几十个课时的学习或阅读几本软件测试方面的书籍就能轻松完成的,而需要在一线工作岗位上历经长期的实践、磨练与总结。

本书以 2019 年度安徽省高校优秀青年人才支持计划项目"应用型本科软件测试课程教学改革"(编号: gxyq2019138)、2019 年安徽省高等学校省级质量工程项目"新工科建设背景下应用型软件工程人才培养模式探索"(编号: 2019jyxm0508)、2019 年安徽省高等学校省级质量工程项目"软件工程教学团队"(编号: 2019jxtd122)为依托,系项目研究成果之一。本书在成书过程中,得到了安徽三联学院的大力支持。此外,编者所在的二级学院(安徽三联学院计算机工程学院)领导以及软件工程教研室有关老师也为本书内容的编写提出了宝贵的建议,在此表示衷心的感谢。

本书编者多年从事地方应用型本科高校计算机类及软件工程专业主干课程的一线教学及现代软件测试技术教科研课题的研究工作,期望能够把丰富的软件测试经验及有关教科研成果充分融入书中,以奉献给读者。在编写过程中,编者参考了大量同类软件测试书籍及相关文献资料,以及 51testing 软件测试网、CSDN 等网站上的软件测试方面的网络博文,在此谨向原作者表示诚挚的谢意。由于编者水平有限,书中的疏漏之处在所难免,还望各位同行批评指正。

编者

2020 年 3 月

目 录

CONTENTS

第 **1** 章

软件测试概论

CHAPTER

本章学习目标

- 了解软件测试的产生背景、定义、目标与发展历程
- 理解软件的"验证性"与"有效性确认"二者的含义及区别
- 了解软件测试思维的"正反两面性"
- 了解软件缺陷产生的根源与表现形式
- 正确理解软件开发与软件测试二者之间的关系
- 学习与了解开展软件测试活动需遵循的一些重要准则
- 了解我国软件测试职业的发展现状以及软件测试人才需要具备的职业素养

介绍软件测试之前,先讲述《圣经》中的一个经典小故事。

一天,耶稣与他的门徒彼得出门远行,途中发现一块破马蹄铁被丢弃在路旁。耶稣想叫彼得把它捡起来,不料彼得懒得弯腰去捡,便假装什么也没听见。耶稣却没说什么,就自己弯下腰来捡起了这块破马蹄铁。途经一个商铺,耶稣用这块破马蹄铁换了十八颗樱桃,并放入自己的袖中。两人继续前行,当经过一片茫茫的沙漠时,由于没有水源,彼得口渴得厉害,但又不敢说话。耶稣此时猜到彼得口渴得厉害,于是就把放在袖子中的樱桃装作一不小心的样子朝地上丢下了一颗(图1.1)。彼得看见了,就赶忙弯下腰去把这颗樱桃偷偷捡起来吃掉,用于解渴。耶稣边走边丢,直至把这十八颗樱桃全部丢完。一路上,彼得为了去捡这些樱桃吃,连续弯了十八次腰(图1.2),行为极其狼狈。最后到达目的地,耶稣笑着对彼得说:"倘若当初你只弯一次腰(去捡那块破马蹄铁),就不会在后面的沙漠行程中要连续弯腰十八次(去捡樱桃吃)。当初你不做小事,今后一定会在更多的小事上去操劳。"

这个小故事给IT行业带来的感悟很深。从软件工程的角度来看,软件测试活动正是在软件产品开发过程中确保软件质量的"小事"。较之于软件开发,软件测试工作显得繁杂而耗时,甚至有时还"吃力不讨好",使得很多IT从业者对其不够重视。在我国软件产业发展的初期,有很多软件

技术人员热衷于编写软件程序代码,不愿意或不屑于从事软件测试这样的"小事情"。一些软件企业还信誓旦旦地认为,从事软件开发活动能取得别人"看得见"的"大"成果,而软件测试则可有可无,从而在软件产品研发期间不重视甚至忽视软件测试活动。最后,这些软件企业发现,开发出来的软件产品的质量存在很多严重问题。在即将投入市场交付给用户使用之前,又要匆忙组织相关人员对软件产品进行返工(修改),不仅额外花费了大量的人力、物力、资金等成本,往往最终还导致软件项目延迟乃至失败。

图 1.1 耶稣扔樱桃

图 1.2 彼得捡樱桃

毋庸置疑,软件开发是人类智力劳动成果的体现。人们尽管利用了多种保证软件质量的方法来分析、设计与改进软件,但新发布的软件仍然会隐藏很多问题。软件产品越复杂,存在的问题往往会越多。这些问题对软件的危害程度有轻有重,轻微的问题或许仅仅是让用户操作软件不方便,而严重的问题很可能会给用户带来经济方面的巨大损失甚至生命危险。所以,软件在投入市场或交付用户使用之前,必须进行严格的、全方位的测试。只有通过软件测试,才能发现软件开发中遗漏的错误与缺陷。也就是说,只有发现这些错误与缺陷,软件开发人员才能及时地去修复与改正它们,为使用软件的用户避免不必要的损失。所以,现代软件工程观点高度强调软件测试与软件开发都是软件生命(存)周期中的重要活动,两者相辅相成,互为补充。

在软件产业蓬勃发展的今天,软件测试工作已渗透到各个行业领域信息类产品的研发环节,成为不可或缺的技术成分。软件质量也已经成为现代软件企业日益关注的重中之重。在软件开发资源有限的情况下,如何在实际中开展有效、科学、系统化的软件测试活动,尽早发现软件阶段性及最终产品中隐藏的问题,提高软件质量,减少后期对软件产品"弯腰"的次数,已成为影响软件企业生产力(效率)的核心因素。

值得庆幸的是,越来越多的软件企业已将更多的时间与资源投入到软件测试活动中。有资料显示,国内很多知名软件企业已经牢牢树立"开发与测试并行"的思想,把一半以上的工作量投入到软件测试阶段,对开展软件测试相关活动的实际资金投入亦能达到软件开发费用的 2 倍之上。很多软件企业内部也设置了专门的软件测试部门(岗位),负责软件产品的测试、对企业内部各类软件测试人员的人才培养以及对即将从事软件测试工作的员工开展相关技术培训工作等,测试人员与开发人员的比例往往能达到 1∶3(有些软件企业甚至能接近 1∶1)。在国内外一些知名的大型软件企业中,很多优秀的一线 IT 技术人员直接从事软件测试及质量保证工作。可见,软件测试正越来越得到国内外 IT 行业的重视。

1.1　软件测试的由来

1.1.1　软件危机与软件工程

1. 软件及其分类

软件是一种抽象的逻辑实体,是与计算机系统操作有关的程序、规程、规则,以及相应的文件、文档及数据的集合。软件已成为用户与计算机硬件的接口,用户通过软件与计算机硬件进行信息交流。其中,程序是按照用户实现设计好的、提供所要求功能及性能的一组指令集合或计算机代码。数据是程序运行时所要操作的对象。文档是用来记录或描述程序开发、维护及使用的相关图文材料。

所以,对软件通常的定义是:程序＋数据＋文档＝软件。

注:对于软件测试工作而言,既然测试对象是软件,那么实现用户需求的源代码、文档、各类用户配置数据、驱动接口数据等都应作为测试对象,而不能单纯地认为测试对象仅仅是软件的源代码。

软件分类的方法有很多。按照软件所实现的功能,可以把软件划分为系统软件、支撑软件与应用软件。

(1) 系统软件:用来管理计算机资源的软件,如操作系统,各类计算机的监控管理与调试程序,各种语言处理程序(编译程序、汇编程序、解释程序),以及各类设备驱动程序等。

(2) 支撑软件:辅助用户从事软件设计的一系列软件开发平台、开发环境、中间件、软件辅助设计或测试类软件等。

(3) 应用软件:为某一特定应用领域(科学计算、信息处理、休闲娱乐等)或使用目的而设计开发的软件。

若按照软件开发的规模(开发时间、参与开发人数、编写源程序代码行),又可以把软件划分为微型软件、小型软件、中型软件与大型软件,如表 1.1 所示。

表 1.1　软件的分类(从软件开发的规模划分)

软 件 规 模	开发时间(周期)	开 发 人 数	源程序代码行
微型软件	1 个月以内	1～2 人	一般不超过 1 000 行
小型软件	1～3 个月	2～4 人	1 000～10 000 行
中型软件	3～6 个月	4～7 人	10 000～100 000 行
大型软件	6 个月以上	7 人以上	100 000 行以上

一般而言,小型及以上规模软件的开发过程需要遵循相应的文档及设计规范(约束),需要按照统一的软件工程方法进行有效管理。微型软件一般对设计规范的要求不太严格,但是也要注重与其他程序的接口设计规范。

对软件的分类还有很多别的方法。例如,按照软件的工作方式,可划分为批处理软件、交互式软件、分时软件与实时软件;按照软件服务对象,可分为产品软件和项目软件。

产品软件即由软件开发商直接投入市场提供给所需用户使用的软件,如金蝶、用友等财务管理类软件,金山毒霸、瑞星杀毒等病毒防范类软件等。项目软件即软件开发机构根据特定客户(或企事业单位)委托,依据合同约束设计与开发的满足客户使用需求的软件系统,如某企业使用的人事管理系统、某市气象部门使用的气象监测系统等。

2. 软件危机

软件危机即指落后的软件开发方法导致软件在开发与维护过程中出现了一系列严重的问题,无法满足迅速增长的计算机软件需求。"软件危机"一词最早于1968年在德国举办的计算机学术会议上提出。20世纪60年代中后期,计算机高级编程语言出现,同时伴随着计算机硬件性能及计算速度的大幅度提高,软件开发规模日益增加,软件体系结构也变得越来越复杂。但是由于缺乏规范的软件开发与管理手段,软件的可靠性却越来越低,致使很多软件开发项目因自身质量问题而造成相当大的损失。与此同时,对软件日常维护的工作量也越来越大,维护成本远远超出软件开发成本。落后的软件开发方式已经不能满足人们对软件日益增长的应用需求,这一尖锐的矛盾最终造成了软件危机的爆发。

软件危机爆发的根源来自内部和外部两个方面。

内部原因是指软件产品内部的复杂性因素,与软件自身特性有关。不同于硬件,软件是计算机系统中的逻辑产品,而不是物理部件,它用程序或代码来衡量编写者的主观思维活动。在编写过程中,其他人难以对程序进行控制和管理。编写完毕后,准备在计算机上运行时,其他人也较难衡量软件开发的过程以及进展状况。这使得对软件质量难以评价,也为有效控制与管理软件开发过程带来了极大困难。软件开发过程中任一环节中的错误在运行时都会暴露出来,这需要软件维护人员花费大量精力找出错误并修改,当缺乏必要的软件开发文档时,这一修复过程变得异常困难,造成软件维护成本剧增。

软件运行时出现的错误几乎都是在开发时期就存在,而一直未被发现的。修复这类错误通常意味着需要重新修改原来的设计过程,这也在客观上使得软件维护工作很艰难。

外部原因则与人们在软件开发及维护过程中采用的不规范方法有关,主要反映在以下方面。

(1) 开发人员与用户对软件需求的认识或理解存在偏差。

在软件开发之前,通常用户提出软件的使用需求,开发人员根据需求进行相应开发与设计。但是实际情况是,用户往往缺乏计算机专业知识,而不能较清晰地描述出软件的总体需求(或需求有二义性、需求有遗漏等);开发人员因为不了解用户的专业背景,同样也未能从计算机编程角度很好地理解软件需求,导致在没有完全理解用户需求或问题定义的前提下就匆忙编写程序。最后开发出来的软件产品与用户事先想象的差异过大,这为软件后期的修改与维护带来巨大麻烦。

(2) 开发过程缺乏统一的规范。

规模日益增大的软件需要多人合作开发完成,彼此(开发者与开发者、开发者与用户)之间需要进行及时而有效的沟通,以消除开发过程中对问题理解的差异。"独行侠"的开发方式对所采用的开发技术或方法缺乏统一规范或设计约束,缺乏有力的开发方法论作指导,每个人完全按照自己的喜好进行开发活动,严重影响了项目开发的团队合作,在此过程中难免产生理解的差异,导致后续错误的设计或实现。而要消除这些误解和错误,往往需要付出巨大的代价。这也是软件产品后期产生疏漏与错误的因素。

(3)早期的软件产品缺乏相应的文档资料。

文档的作用在软件开发过程中不可小视。软件文档的编制不仅帮助开发人员及时了解自己的工作进度,而且能够方便自己和他人阅读和改进代码,作为检查软件开发进度与开发质量的依据,改进软件开发过程。但是早期的软件产品的开发大都缺乏相应阶段的文档资料,未能记录开发过程中的相关信息,为以后软件的使用、维护以及二次开发工作带来困难。

(4)软件开发管理困难。

由于中、大型软件的开发需要规模较大的开发管理团队共同完成,而开发人员缺乏管理经验,管理人员往往又缺乏软件开发经验,因此二者不能及时准确地进行信息交流。管理者不能有效地监督与控制开发进展,开发者亦不能较好地处理开发工作中遇到的各种开发流程之间的关系,极易产生开发错误或开发遗漏。

当然,软件危机爆发涉及的因素还有很多。例如,软件的运行也会受到计算机硬件及运行环境的限制,随着计算机硬件及操作系统性能的不断提升,后期的软件维护中带来了软件升级与软件移植性等一系列问题,使得软件维护成本高于开发成本。

尽管软件危机不能完全消除,然而在软件自身复杂性无法回避的背景下,统一与规范地组织、管理、协调各类人员的工作,采取工程化的原则与方法指导软件开发全过程,是解决软件危机的主要途径。

随着计算机技术及应用的迅速发展,知识更新周期加快,软件应用领域所涉及的处理技术也十分广泛,所面临的问题空间会牵涉到社会学、经济学、心理学、管理体制、组织机构等诸多非技术因素,问题空间的复杂性决定了软件开发与应用的复杂性。软件开发人员不仅需要适应计算机软、硬件技术的变化,还要对涉及的多方面问题空间进行研究,通过调整自身的知识结构来适应新问题求解的需要。这在很大程度上取决于软件技术开发人员的受教育情况与工作经验的积累。

3. 软件工程及其追求目标

1968 年在德国举办的提出"软件危机"的学术会议上,同样首次提出了"软件工程"的概念,即为了获得可靠的能够在计算机上有效运行的软件而建立与使用的完善的工程原理。美国 IEEE 组织把软件工程定义为"把系统化的、规范的、可度量的途径运用于软件开发、运行与维护的过程"。从 20 世纪后期至今,有不少软件组织机构或专家学者从不同角度阐述了软件工程的概念,但总体来说,在软件开发过程中树立起工程化思想是软件工程概念的核心。所以,采用工程化的思想(包括概念、原理、技术、计划等)开发、维护与管理软件,通过规范的管理手段与最佳技术实践相结合,以经济的成本获得能够在计算机上运行的可靠软件的方法,已成为现代软件企业对软件工程概念的统一认识。

自从"软件工程"一词被正式提出后,我国诸多软件企业在为客户开发软件时,在满足客户提出的功能需求的前提下,把以下 4 条原则作为现代企业软件工程所追求的目标。

(1)较低的开发成本。

追求企业利润始终是维持企业生存与发展的不变法则。开发一个(项)软件(系统或产品),对软件开发方而言就是一项投资,目的是未来获得更大的经济效益(无论经济效益是直接的还是间接的)。

(2) 软件具有高可靠性。

可靠性即指在规定的时间与特定的环境下软件无出错运行的概率,或者维持其正常运行的能力。对于当前很多实时控制类的软件系统(如交通导航系统、工业流水线生产控制系统等),需要实时操作软件实时控制一个或多个物理过程,达到软件功能的实现。当可靠性得不到保证时,一旦操作出现了人为或非人为的失误,将出现灾难性的严重后果。所以,现在很多软件企业在软件设计、编码、测试阶段尤其注重软件的可靠性。

(3) 维护费用低。

软件维护是在软件交付使用之后为了改正开发中存在的错误或满足某一新的需要而重新修改软件。软件维护往往是软件开发方认为"既费神又破财"的工作,由于硬件及操作系统更新迅速,使得对运行环境依赖性很强的软件也要不断更新,会产生相应的维护代价。规范的程序开发方法与良好的代码编写风格能使得软件在阅读时的可理解性强,当用户需求发生变更时,会使修改程序更便捷,在一定程度上会降低软件的维护费用。

(4) 开发团队人数"少而精"。

开发团队人员素质的高低直接决定了软件产品的开发质量与开发效率。实践证明,高素质人员的开发效率会高于低素质人员几十倍以上,前者开发的软件中隐藏的错误数目也远远低于后者。软件是一种逻辑产品,其质量与开发者的素质及智力因素紧密相关。项目开发团队人数"少而精"、人人相对具有高素质、可以"独当一面",是现代软件企业所追求的软件工程人才目标,符合现代商业原则。很多中、小规模软件企业都认为,开发团队人员过多,会增加不必要的沟通,或进行无休止的讨论,而使开发效率低下,反而增加了开发成本(如通信成本等)。

1.1.2 为什么要进行软件测试

随着近年来软件产业的迅猛发展,软件规模不断增大,复杂性日益增加,对软件质量的控制与管理已逐步成为软件领域中的核心内容。作为软件质量保障的重中之重,软件测试已受到当前软件产业界的高度重视。

在介绍为什么要进行软件测试之前,先讲一个关于美国微软公司的真实故事。

20 世纪 80 年代,微软公司发布的许多软件产品中都存在问题(例如,在 1981 年推出的一款 BASIC 软件中,只要用户使用数字"1"去除以数字"10"时,程序就会出错等),引起很多个人用户以及使用微软操作系统的 PC 厂商极大的不满。然而,微软公司的一些高层人员却固执地认为,微软的开发人员完全可以凭借自己调试软件的方式发现软件产品中的问题,不需要为此成立独立的测试部门。于是,微软公司历史上的一次"大灾难"降临了。在 1987 年对外正式发布的 Word 3.0 软件中,用户实际使用时竟然出现了多达几百处的错误,有的错误甚至可以破坏程序乃至使计算机系统完全崩溃。这一下严重影响了微软公司以及比尔·盖茨(美国微软公司创始人)本人的声誉。为此,微软公司不得不为用户免费提供 Word 3.0 软件的新增(补丁)版本,总计花费金额高达数百万美元。痛定思痛之后,微软公司得出结论:如果再不成立单独的软件测试部门,组建独立的软件产品测试小组,所研发的软件产品就不可能、也不会达到更高的质量标准。

　　当然,国外的类似案例还有很多。例如,美国 1999 年发射的"火星气候探测者"(Mars Climate Orbiter)号卫星,在其导航系统的研发过程中使用了英制单位的加速度数据(磅/秒制),而喷气推进装置却采用了公制(牛顿/秒制)进行加速度计算,忽视了二者之间的单位统一问题。就因为这么一个小问题在当时未发现,导致卫星在进入火星轨道的过程中失去联络,任务失败。美国迪尼斯公司推出的"狮子王"游戏软件曾因存在时钟缺陷而导致圣诞节期间大量客户要求退货,造成公司经济损失。在海湾战争中,美国"爱国者"导弹卫星定位系统因缺陷问题导致误炸本国士兵。诺基亚 Series40 手机平台存在安全性缺陷,造成用户资料泄露。美国 F-16 战斗机编队在执行从美国夏威夷飞往日本冲绳基地的任务中,由于未能及时发现远程控制系统出现的小错误,造成飞机上的卫星定位系统失灵,导致其中一架战机折戟沉沙。美国航天局火星登陆探测器系统存在的内部缺陷致使探测器飞船坠毁等。

　　2002 年,美国商务部在对美国 IT 行业提供的报告 *The Economic Impacts of Inadequate Infrastructure for Software Testing* 中正式指出,据不完全统计,由于软件缺陷而引起的损失金额每年高达 595 亿美元,这一数字相当于美国国内生产总值的 0.6%。

　　我国也有关于软件缺陷的案例。例如,国内著名的翻译软件"金山词霸"也曾经存在一些缺陷。比如,当用户用鼠标取词 dynamically(力学、动力学)时,软件会显示其他的单词 dynamite(n. 炸药),出现了显示方面的错误等。又如,当用户输入单词 cube,则会显示 $3*3=9$ 的错误。此外,在 2007 年秋季,北京奥运会第二阶段门票销售工作刚启动不久,就因为在线购票者太多而被迫暂停。究其原因,一方面,北京奥组委事先低估了国内外用户的购票热情;另一方面,该售票系统正式对外发布前并未经过充分的、严格的软件性能及负载方面的测试。所以,购票系统投入使用后不久就因用户访问量过大而导致网络崩溃,系统出现了瓶颈问题,所以很多在线用户无法及时在网上提交购票申请。

　　无论是国外还是国内,软件缺陷造成的后果往往是灾难性的。最后不仅需要花费很大的代价修复这些错误,还带来无法弥补的损失。所以,软件测试的重要性不言而喻,软件系统必须经过严格的测试环节后才能推向市场。软件测试活动已越来越被各软件开发企业所重视。同时,社会也急需大量的专业软件测试类人才。

　　软件测试在软件生命周期中占有极其重要的地位。为了确保最终开发出的软件产品真正满足用户的需要,在软件交付用户使用之前,应该在软件需求分析、设计规格说明和编码阶段进行认真复审,这也是保证软件质量的关键环节。

1.1.3　软件测试的发展历程

　　在 1968 年首次提出"软件工程"这一概念后,1972 年,美国北卡罗来纳大学又举行了首届软件测试学术会议。1975 年,著名学者 Susan Gerhart 与 John Good Enough 在国际 IEEE 刊物上联合发表了《测试数据选择的原理》一文,"软件测试"由此被正式确定为软件工程领域内的一个重要研究方向,至今已形成一个独立的专业,成为软件工程学科中的一个重要组成部分。

　　实际上,软件测试的发展史并没有一个明确的、阶段性的划分。当前,国际上把软件测试的发展历程大致分为 3 个阶段,即启蒙(初级)阶段、发展阶段和成熟阶段。每一个阶段的特点如表 1.2 所示。

表 1.2 软件测试的发展阶段及特点

发展阶段	大致时间	特　　点
启蒙阶段	20 世纪 70 年代以前	把软件测试看成是一种对已开发完毕的软件产品的事后检验活动,可有可无,缺乏科学的、有效的测试方法(主要依靠"错误假设""调试软件"等一些猜测性手段,尝试发现软件产品中的问题)。这一阶段并没有形成真正意义的软件测试活动,更没有出现专业的软件测试人员
发展阶段	20 世纪 70 年代～80 年代初期	由于历经了"软件危机"(国际学术界已提出了"软件工程"的概念),促进了软件测试的正式发展。该阶段产生了专业的软件测试人员,软件测试活动也被正式纳入到软件生命周期中,并形成了脚本化、过程化的测试方法。但是,软件测试工作主要还是集中在对软件终端产品(功能方面)的验证活动
成熟阶段①	20 世纪 80 年代中期～现在	这一阶段,软件测试活动已形成了一个较为成熟的过程体系,主要由测试计划、测试设计、测试开发、测试执行与测试评估等活动组成(图 1.3 所示),用于全程保障软件产品的开发质量。软件企业大都树立"测试先行"的思想②,测试人员与开发人员一起参与软件开发全过程。在软件工程的基础上,2003 年以后,软件测试已形成了一个独立的工科专业,并成为软件工程学科中一个重要的组成部分

图 1.3　软件测试过程体系

---

① 美国权威学术组织 IEEE 于 1983 年正式颁布了软件测试行业标准文件——《软件测试文档 IEEE 标准》。目前,该文件的最新版本为 Std 829—2008,使得软件测试行业有了自己的国际(行业)标准,预示着软件测试行业走向规范与成熟。2003 年后,国际一系列知名学术组织及机构又进一步推动了软件测试的研究与发展,相继诞生了面向对象的测试方法、面向构件的测试方法、测试驱动开发的思想、敏捷测试思想等,使得软件测试的理论、方法和技术等完全走向成熟。

② "测试先行"思想,即指软件测试活动不是在编码阶段完成后才开始介入,也不是单纯地对软件产品"发现错误",而是以全程保障软件产品开发质量为目的,自始至终贯穿于整个软件生命周期中。

1.2　软件测试的定义

1983 年,美国 IEEE 学术组织对软件测试的权威定义为:使用人工或与自动化相结合的手段来运行或测试某个系统的过程,其目的在于检验它是否满足规定的用户需求或是弄清预期结果与实际结果之间的差别。

当然,软件测试也可以被看作是一系列活动,即为了评价、改进软件产品质量、标识软件产品的缺陷和问题而进行的一系列活动。

当前,国内外 IT 行业普遍认同的软件测试的定义为:在软件正式交付用户使用前,对软件需求分析、设计方案、编码的充分评审(验证),及时发现与修复软件中存在的潜在缺陷。

1.2.1　软件的验证性与有效性确认

以 Boehm 为主的一些专家学者把软件测试定义为:由"验证性(Verification)"活动和"有效性确认(Validation)"活动构成的一个有机整体,即检验软件的"验证性"与"有效性确认"这两个方面是否都满足用户的需求。

"验证性"是指在软件生命周期的每个阶段(步骤)中,检验拟开发的软件产品是否符合软件(用户)需求规格说明书上所定义(规定)的软件产品的各项功能及非功能特性要求。说白了,"验证性"就是针对软件需求规格说明书的内容,检验软件是不是完全按照说明书上的各项要求来设计并实现的,有无遗漏了对某个功能的设计,或出现与软件需求规格说明书上要求的设计内容不一致的情况等,其强调的是设计过程的正确性、一致性与吻合性(是否与软件需求规格说明书上要求的相吻合)。

"有效性确认"是指评测所开发的软件是否真正满足了用户的实际需要,是否与用户"真正想要的"一致。有效性确认最终是要用软件的运行结果(数据、效果等)来表明,确认这个开发好的软件是不是一个真正实现了用户需要的软件产品,其针对的一定是使用该软件的用户(客户),强调的是设计结果的准确性。

为了帮助初学者更好地理解软件的"验证性"与"有效性确认"二者之间的区别,再举一个简单小例子,并通过 4 种情况予以说明。

假设用户想要 A 公司开发并实现一个基于 B/S 架构的、能够播放英文歌曲的软件系统,软件需求规格说明书上也明确(定义)了用户的以下要求:

① 采用 B/S 架构开发。

② 最终软件系统能播放英文歌曲。

情况 1:按照软件需求规格说明书上的要求,A 公司采用 B/S 架构开发该软件系统,最终开发出来的软件系统能够播放英文歌曲。也就是说,A 公司按照《软件需求规格说明书》上规定的要求(需求)来开发,并且最终软件产品的功能也是用户想要的,则既满足了"验证性",又满足了用户对该产品的"有效性确认"。

情况 2:如果 A 公司没有按照软件需求规格说明书上的要求采用 B/S 架构来开发软件系统(如采用的是 C/S 架构),则尽管最终开发出来的软件系统能够播放英文歌曲,但是最终产品不满足系统的"验证性",只满足了用户对该产品的"有效性确认"。

情况 3：A 公司按照用户需求规格说明书的要求,采用 B/S 架构开发出该软件系统,但最终开发出来的软件产品却只能播放中文歌曲(这不是用户真正想要的,因为用户想播放的是英文歌曲)。这样的最终软件系统尽管满足了系统的"验证性",但不满足用户对该产品的"有效性确认"。

情况 4：如果 A 公司没有按照用户需求规格说明书上的要求采用 B/S 架构来开发软件系统(如采用了 C/S 架构),最终开发出来的软件系统功能又不是用户真正想要的(如只能播放中文歌曲,不能播放英文歌曲),则"验证性"和"有效性确认"这两个方面都不满足。

1.2.2 从"正反两面性"角度进一步认识软件测试

软件测试走向成熟以来,在相当长的一段时间内,人们对软件测试的认识存在一个很有意思的"正反两面性"思维。正面性的思维,即从"去验证"的观点出发,把开展软件测试活动的目的定位为验证被测软件是否符合用户需求,是否与用户需求一致,即检验软件产品能否正常工作。在具体的测试实施中,针对软件的每一个功能点逐个去验证其正确性。反面性的思维,即从"寻找错误"的观点出发,把鼓励测试人员采用各种丰富的测试方法,积极发现软件中的错误、缺陷等作为软件测试的目标,从而提高软件产品质量。也就是说,开展(实施)一次软件测试活动,如果没有发现软件缺陷,就说明这样的测试活动毫无意义,没有价值。

实际上,无论采取哪一种思维方式,都没有原则性的错误,只是对软件测试的目标及具体实施方法有影响。基于"去验证"的观点强调的是软件测试活动中的"正向思维",验证软件的各项功能是否正确,软件能否正常工作。在实际工作中,测试人员会较多地从用户使用的角度选择一些用户经常用的数据来测试软件。而基于"寻找错误"的观点强调的是软件测试活动中的"逆向思维",即假定软件中一定会有错误,并要求测试人员积极发现这些错误,这是一个为了发现程序中存在的错误而执行程序的过程。也就是说,测试人员会较多地选择一些用户不常用的、异常的数据去测试软件,就是想发现更多的、隐藏性的问题。尽管这有利于发挥测试人员的主观能动性,但是往往会忽视对用户的一些正常功能需求的测试。

关于软件测试思维的"两面性"问题,可谓"仁者见仁,智者见智",近年来也一直是软件测试领域以及学术界反复探讨的焦点。我们从软件测试的目标、设计、实施、主要支持者、局限性这几个方面对软件测试思维的正反面做出比较,如表 1.3 所示,以方便读者了解。

表 1.3　软件测试思维(认识)角度的正反面

软 件 测 试	正 向 思 维	反 向 思 维
目标	验证软件是否正常工作,强调"验证"	是为了发现软件中存在的错误而执行程序的过程,强调"找错"
设计	评价一个程序或系统的特性或能力,并确定是否达到预期的结果	为发现错误而针对某个程序或系统的执行过程

续表

软 件 测 试	正 向 思 维	反 向 思 维
实施	在设计规定的环境下运行软件的所有功能,直至全部通过	寻找容易出错误的地方和系统的薄弱环节,试图破坏系统,直至找不出问题
主要支持者	Bill Hetzel:软件测试是为了验证软件是否符合用户需求,即验证软件产品是否能正常工作。——《软件测试完全指南》	Glenford J. Myers:软件测试是为了证明程序有错,而不是证明程序无错误。一个成功的测试是发现了至今未发现的错误的测试。——《软件测试的艺术》
局限性	有利于界定软件测试工作的范畴,促进与开发人员的全程合作,但可能降低测试工作的效率	有利于发挥测试人员的主观能动性,发现更多的问题,但容易忽视用户的需求,测试工作会存在随意性,往往会导致与开发人员的对立

现在,更多的软件测试机构或专家学者认为对软件测试的认识应该采取一个折中的思想,把"正反两面性"思维充分结合,根据被测软件的应用领域做到二者"平衡性"。例如,对于一般性的商业应用与服务类软件,主要把测试目标置于"大多数用户可接受水平",按照用户需求验证软件各项功能,保证被测对象的全面性和完整性,以降低软件开发成本,加快软件发布速度。而对于一些面向互联网、金融、航天等重要行业领域的软件系统,由于这些软件系统实际运行时不能出现任何一次失效(因为任何一次失效都会给用户带来毁灭性的灾难),所以测试时要多采用"寻找错误"的思维,要能在有限的测试环境(如有限的测试时间、测试人力、测试资金等)下快速发现软件中的问题。

1.2.3　软件缺陷

在软件测试领域,人们把存在于计算机系统或者软件内部的任何一种会破坏正常程序运行能力的问题(problem)、错误(error)、偏差(variance)、失败(failure)、故障(fault)、毛病(incident)、异常(exception)等情况统统称作软件缺陷。

美国 IEEE 组织把软件缺陷看作是软件产品中存在的一系列问题,最终表现为用户所需要的功能没有完全实现,不能满足或不能全部满足用户的需求。可见,软件缺陷是软件质量的对立面,软件缺陷会导致软件产品在某种程度上不能满足用户的需要。

有意思的是,现代 IT 行业一般用英文单词 software bug 代指软件缺陷(bug 是"虫子"的意思)。这又是为什么呢?

1. bug 的由来

很多读者可能会好奇,为什么一定要用英文单词 bug 来表示"缺陷"的意思?这里先讲一个关于 bug 由来的小故事。

1945 年 9 月初的某天,美国军方研制的一台名叫 MARK Ⅱ 的大型电子计算机突然死机了。经过仔细排查,人们在计算机的继电器里找到了一只被继电器中高强度电流电死的小飞虫。究其原因,由于当时天气还很炎热,加之又没有空调,MARK Ⅱ 计算机被放置在一个所有窗户都敞开着的机房内。也正是有关人员的忽视,让这只小飞虫从窗外飞了进来,不料它又飞到了计算机的继电器里,卡住了计算机的运行,导致程序出故障,从而使计算机死机。

于是,计算机研发人员顺手将这只飞虫夹在工作日志里,并诙谐地把程序故障称为bug,当时的bug记录日志手稿如图1.4所示。

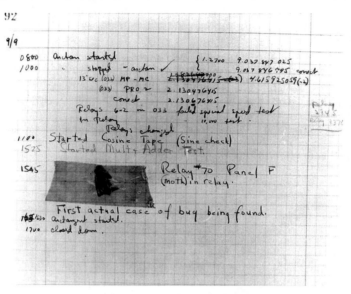

图1.4 bug记录日志手稿

为了纪念这一事件,后来bug就演变为IT行业用来称呼软件"缺陷"的计算机专业术语。此外,人们也习惯地把排除程序故障叫做debug(原意是消除虫子的意思)。

2. 软件缺陷的产生原因

导致软件产生缺陷的原因有很多,软件缺陷也不可避免。很多同类软件测试书籍把软件缺陷的来源归结于以下方面:

① 软件需求分析、软件设计、程序代码中有错误。

② 数据的输入有错误。

③ 软件测试过程有错误。

④ 软件中存在的缺陷修改(修复)得不彻底或不正确。

⑤ 由其他一些软件缺陷引起的。

目前,很多软件测试机构认为软件缺陷主要由两个原因导致,即团队(沟通)工作和(开发)技术问题,具体内容如表1.4所示。

图1.5也以漫画的形式形象反映了团队沟通工作产生的偏差。很多情况下,用户由于受自身认知能力的影响,对待开发软件的相关需求表述有误,或者不充分,加之软件开发人员与用户、各类软件开发人员之间对相关软件需求的描述又存在误解,导致最终实际开发出来的软件往往不是用户当初想要的。

表 1.4　软件缺陷产生的主要原因

主 要 原 因	原 因 描 述
团队(沟通)工作	用户表达软件需求有误;软件开发人员与用户、各类软件开发人员之间存在误解,沟通交流不充分等。 例如:软件开发人员对用户的需求不是很清晰,或者和用户的沟通存在一些困难。不同阶段的开发人员对软件产品同一功能实现方式的理解不一致。(如软件设计人员对需求分析结果的理解有偏差,编码人员对用户需求规格说明书中的某些内容存在着误解等)
(开发)技术问题	软件程序(代码)中存在算法错误、语法错误、计算和精度问题、接口参数传递不匹配;对输入数据考虑不周全(如遗漏了对一些处在输入边界范围之外数据的测试);软件开发标准或过程上的错误;软件体系结构设计不合理,造成系统出现性能、安全性、兼容性、容错性等问题

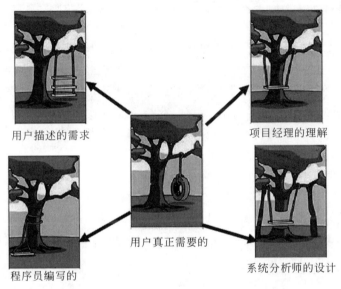

用户描述的需求　项目经理的理解

用户真正需要的

程序员编写的　系统分析师的设计

图 1.5　团队(沟通)工作有误而产生软件缺陷

　　此外,威链优创①还从"遗漏""错误""冗余"与"用户不满意"4 种情况分析了软件缺陷产生的主要原因,值得软件测试从业者借鉴。

　　(1) 遗漏。

　　规定或预期的用户需求未体现在最终交付给用户的软件产品中。这类缺陷可能由两种情况导致:一是开发初期软件开发人员根本就没有记录用户提出的这项需求(而用户当时也不知情),即遗漏了用户的原始需求;二是开发初期软件开发人员完全得知需要实现用户的某些需求(用户也知情),但在之后的软件开发阶段,由于某种原因(如技术方面),开发者最终未能实现(遗漏)这些需求。例如,用户要求某软件能实现对数据的"上传"与"下载"功能,但是最终软件产品只能实现"上传"功能(遗漏了"下载"功能)。

---

① 威链优创. 软件测试技术实战教程:敏捷、Selenium 与 Jmeter[M]. 北京:人民邮电出版社,2019.

（2）错误。

用户提供的某项原始需求是完全正确的，但是软件开发者实现时却发生了错误。也就是说，最终的软件产品尽管有此用户需求，但实现起来（方式、效果等）与用户的期望不一致。例如，用户期望软件能实现对所显示数据的降序排列功能，但是最终软件产品实现的是对显示数据的升序排列。

（3）冗余。

用户需求规格说明书中并未要求的（未提及的）某些需求被实现。也就是说，在提交给用户的最终软件产品中，实现了一些事先用户不需要的（未作要求的）软件需求。例如，用户需求中没有提出某拍照软件需要实现动态摄像功能，但最终的软件产品却能够实现动态摄像功能，则该"冗余"功能被视为软件的"冗余"缺陷。

很多软件测试机构认为，从用户体验的角度来看，如果"冗余"功能不影响软件正常功能的使用，则可以保留，不应被视为"冗余"缺陷（除非"冗余"功能存在较大应用风险）。

（4）用户不满意。

除了上述遗漏、错误、冗余3种常见的缺陷外，如果用户从使用（体验）的角度对软件的某项功能在实现过程、实现方式、实现效果等方面不满意，亦可称为缺陷，即软件的"用户不满意"缺陷。例如，某款手机中的应用软件字体过小（不能放大），尽管用户功能都能正确实现，但是针对老年人这样的用户群体，会导致实际使用该手机时出现字体看不清的情况，使用起来不方便，使用户不满意。即使所有需求都得到正确实现，但不符合用户群体的使用习惯，实际上也是一种软件缺陷。

在当前众多同类商业性应用软件竞争激烈的市场环境下，一款软件即使功能再强大，界面再美观，如果用户觉得"不好用"，使用起来不满意，不是用户期望的，则该软件也很难有市场竞争力。从某种意义上说，软件的"用户不满意"缺陷将是致命的。所以，也需要测试人员以用户使用需求为基准，从用户使用（体验）的角度出发来开展软件测试活动。

3. 软件缺陷的危害级别

功能失效是软件缺陷表现出的最普遍的一种形式。但是一些其他情况，如软件的某些功能没有完全实现，或者实际结果和用户预期的结果不一致，软件的某些特征属性设计不合理，用户操作软件不方便，输出数据精度不够，软件运行时性能不稳定而造成系统崩溃等，也都属于软件缺陷的范畴。

所以，很多软件企业会根据所发现缺陷对软件可能产生的危害程度来定义软件缺陷的级别，如表1.5所示。通常，缺陷级别越高，其危害程度越严重，越要得到及时的修复。一般而言，很多软件企业会根据软件缺陷的危害程度制定一个缺陷修复优先级的说明表，如表1.6所示，根据缺陷修复的优先级安排（处理）对缺陷的修复。

当然，国内也有一些软件企业以"建议"级别来取代"轻微"级别的软件缺陷，或认为一些对功能几乎没有什么影响的小问题并不能真正算是软件缺陷，测试人员可以向开发人员提出自己的修复建议。例如，建议适当修改程序，使界面文字排列美观；建议简化用户操作流程等。

表 1.5　软件缺陷的危害级别与说明

缺陷级别	说　　明
致命的	造成系统或应用程序完全崩溃、数据丢失或主要功能全部失效等
严重的	指系统主要功能或特性没有实现,或主要功能部分丧失,次要功能完全丧失等
一般的	不太严重的错误,虽然不影响系统的基本使用,但是没有很好地实现功能,或没有达到预期效果。例如,用户界面差、系统响应时间长等
轻微的	一些对功能几乎没有什么影响的小问题。例如,界面文字排列不美观、页面打开方式不合理、用户操作流程复杂等

表 1.6　软件缺陷的修复优先级与说明

缺陷修复优先级	说　　明
高	对于一些致命的软件缺陷,需要立即安排开发人员在第一时间内及时修复,刻不容缓
较高	对于一些严重的软件缺陷,通常安排开发人员在 24 小时内完成修复
一般	软件缺陷需要修正,但一般需要正常"排队",等待开发人员在该软件版本正式发布之前完成修复
低	根据实际情况,开发人员若有时间可以完成修复;若没有时间,可以不必修复(或者在该软件下一个版本开发期间修复)

1.2.4　软件测试活动的重要准则

软件测试的目标是想以最少的时间和人力找出软件中潜在的各种错误和缺陷,所以需要遵循几个重要原则。

1. 尽早和不断地开展软件测试活动

受到软件自身的复杂性、抽象性、软件开发各阶段工作的多样性以及参与开发活动人员之间的协调关系等因素的影响,开发过程的每个阶段都可能产生错误与缺陷。而且,软件开发过程的各个阶段产生的错误会随着开发的进展而产生积累与放大效应。例如,在软件交付使用阶段修复一个软件缺陷的耗费成本会是需求阶段修复的近 100 倍,如图 1.6 所示。因此,测试应该从软件开发的早期阶段就开展。不能把软件测试活动仅仅看成是软件开发的一个独立阶段,而应当把它贯穿到软件开发的各个阶段。这样才能在开发过程中尽早发现和修复错误,把出现的错误排除在早期,杜绝某些隐患,提高软件质量。

2. 开发人员避免检查自己的程序

因为人们具有思维惯性,大都具有一种不愿否定自己工作的心态,认为找出自己程序中的错误是一件不愉快的事。这一心理状态已成为检测自己程序的障碍。另外,开发人员因为对软件规格说明理解错误而引入错误的问题一般会更难发现。如果由别人来测试自己编写的程序,可能会更客观而有效,易于发现被忽视的问题,并更容易取得成功。

所以,现代软件企业要成立独立的软件测试部门,并设置专门的测试人员。需要说明

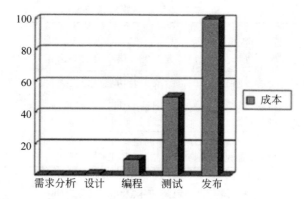

图 1.6　软件缺陷修复成本在软件开发各个阶段的分布图

的是,尽管测试人员应尽量独立于开发人员,但这并不意味着软件测试活动只是测试人员的事情,开发人员无须参与,更不是说测试人员不与开发人员交流。在现代软件测试活动中,许多测试工作也需要开发人员深度参与进来,例如,测试需求评审、代码评审、单元测试等。测试人员与开发人员需要充分地沟通与交流。

3. 重视测试活动中的群集现象

在软件测试过程中,并不是发现了一些错误就能证明软件中没有错误,不需要继续测试了。经验表明,已发现的错误数目与软件中残存的错误数目成正比,这就是测试中的群集现象。根据这个规律,测试人员应当对已发现错误的程序段进行重点测试,以发现更多错误,提高测试效率。也就是说,被测软件中发现的缺陷越多,潜在的问题或许会更多。

当前,很多资深的软件测试人员都认为软件缺陷会存在群集现象。因为开发人员的个人认知水平的局限性以及在某一开发(技术)能力方面的不足,会导致软件在某些特定方面存在大量的缺陷。

注:测试活动中的群集现象不能误认为"如果在软件某方面(模块)发现的缺陷越少,就证明该方面(模块)潜在的缺陷越少"。

4. 避免"杀虫剂"效应

"杀虫剂"效应,原指在农业生产中通过喷洒农药杀害虫。然而,随着某一种农药的长期使用,害虫对该农药的抗药性就越来越强(甚至会产生免疫力),导致这种农药越来越难以杀死害虫。

软件测试中也存在"杀虫剂"效应。就是说,若测试人员长期采用同一种测试方法开展对某一测试对象的软件测试活动,所发现的缺陷数目就会越来越少。不是因为软件缺陷没有了,而是因为测试人员形成了某种固定的思维定式,使得测试思维被"钝化",导致测试效果越来越差。正如总是使用同一种农药,害虫就会逐渐产生免疫力,农药发挥不了效力一样,图 1.7 就是以卡通的形式反映了这一现象。

为了避免"杀虫剂"效应,提高测试效率,很多软件测试机构会采取以下测试措施:

① 要求测试人员尝试不同的测试方法,不断设计(编写)新的测试用例,对同一被测

图 1.7　"杀虫剂"效应

软件(程序)进行测试。特定的测试用例只能覆盖测试空间的特定部分,如果同样的测试用例被反复执行,会减小其测试的有效性,之前没有被发现的缺陷也不会被发现。

② 不定期地让测试同行(项目组中的其他测试人员、甚至是新入职的测试人员等)参与测试,因为不同的人会从不同的测试视角尝试一些新测试思路,往往能发现一些新的软件缺陷。

5. 无法做到穷举测试

对于任何一个程序,其内部结构(路径)都会有不同的排列数目,而这些不同路径的排列组合又会使排列变化方案呈指数级上升。所以,完全测试覆盖到程序中所有可能的路径变化方案是不可能的。因此无法保证测试环境百分之百满足测试要求。

在实际的软件测试工作中,是没有足够的测试资源(时间、人力、资金等)用于彻底的软件测试活动的。因此基本采用不完全测试,即通过分析,在有限的测试环境下选择一些有代表性的测试数据(既包含正常的数据,也包含异常的数据)进行测试,而去除一些可以认为是重复性质的、没有意义(必要)的测试数据(有时也可能因测试条件的限制而忽略一些特殊测试场景)。

6. 软件测试活动贯穿于整个软件生命周期中

在软件产业化飞速发展的大背景下,用户对软件质量的要求越来越高,软件企业对软件产品质量的控制已经不再是单纯的软件测试执行过程。在传统的软件开发过程中,软件测试是一种附加在软件编码阶段之后的事后行为,测试活动被安排在代码提交之后才着手进行。而现代软件工程提倡软件测试活动需要贯穿于软件生命周期中,从需求分析阶段开始就并行于软件开发的全过程。

软件测试活动不能在软件开发的后期才开始,而由测试计划的制订、测试用例的设计、测试执行、测试记录、测试分析与反馈所组成的软件测试活动需要从一开始就融入软件开发过程,与软件开发活动形成交互。大量研究表明,软件设计活动引入的缺陷会占软件开发过程中所有缺陷数量的 50% 以上。

从软件测试的实施层面来看,软件测试贯穿软件开发过程的始末,对软件质量的保证起到关键作用。具体测试工作不能在软件代码编写完毕后才开始,也不是仅仅在软件测试阶段才有测试工作。实际上,软件测试贯穿于软件生命周期的始终,如图 1.8 所示。

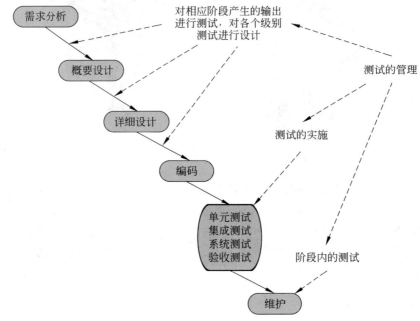

图 1.8　软件测试活动贯穿于软件生命周期中

因此,需要形成一个规范而完善的软件测试过程。在现代软件测试机构采用(推出)的一些软件测试改进模型中,软件测试活动已经不再只是软件生命周期中的一个附带阶段,或仅局限于对程序代码进行测试,而是一个贯穿整个软件生命周期的质量保证活动,贯穿于软件开发的各个阶段。

7. 并非所有软件缺陷都要及时修复

实际上,软件测试活动会受到实际测试成本(人力、资金)以及软件开发时间(进度)的制约。很多中小软件测试机构认为,针对一些版本发布周期较短(如每隔一个月就会正式发布一个软件版本提交给用户使用)的软件系统,在经过项目经理、程序员、软件测试人员共同决策后,允许在以下情况下可以不及时修复当前软件版本中的缺陷(或推迟到下次发布中再考虑修复)。

① 在交付期限内确定,没有足够的时间修复所有缺陷的情况下,应该选择一些缺陷不予以修复。

② 修复的风险(花费成本)太大。

③ 严格意义上说不能算是真正的软件缺陷(如一些危害级别为"轻微性"的缺陷、"冗余"类缺陷、"用户不满意"缺陷等)。

8. 每一个测试结果都能够追溯到用户需求

软件测试的目的就是从用户的角度考虑,借助软件测试充分暴露软件之中存在的缺陷,从而考虑是否接受该产品。从开发者的角度考虑,就是软件测试能表明软件已经正确地实现了用户的需求,达到软件正式发布的规格要求。软件产品不是给开发人员使用的,而是给用户使用的。从用户的角度看,软件中不能满足用户需求或是与用户需求不符合的地方就是最严重的缺陷。所以,每一个测试结果都应能够追溯到用户需求。

9. 妥善保管测试相关文档

对软件测试形成的所有文档应该妥善保存,包括测试计划、测试用例、测试缺陷、测试分析报告等。这也将为今后软件的升级、二次开发以及测试维护工作等提供方便。

1.3 我国软件测试职业的发展及岗位需求

作为一个新兴的 IT 产业,软件测试在我国的发展十分迅速,业内对软件测试的发展前景也有着乐观和积极的态度。软件测试的职业前景也非常美好。在展望美好前景的同时,也应该冷静地思考一下:我国当前软件测试行业的现状如何?发展方向及速度怎样?制约发展的因素有哪些?软件测试行业的发展将对每个从事软件测试的工作者产生什么影响?

从 1968 年开始关于软件行业的研究就表明软件行业总在经历着危机,有些人认为当前软件行业的危机已经减缓。但软件趋于复杂,使得软件错误几乎是不可避免的。同时,软件技术的发展,使得愈来愈多的用户对软件的依赖及对软件质量的期望值也迅速提高。福布斯的一篇文章就曾指出,每年在软件产品几百万行代码中找到并纠正错误,业界需要花费 600 亿美元。

目前,国外很多知名的大型软件企业尤其重视软件测试及其人才的培养工作。在软件产业发达的国家,对软件测试在人员配备和资金投入方面的投入占据相当大的比重,软件开发人员和测试人员的比例基本能达到 1∶2。如美国微软公司的开发和测试人员之比为 1∶1.7 左右,惠普公司为 1∶1.4 左右。

在我国软件产业近 20 年的发展中,软件测试也已经逐步渗透到各个行业领域(软件测试所属行业分布情况如图 1.9 所示),成为不可或缺的工作环节。我国在 20 世纪长期忽视软件测试行业,当时很多软件企业没有专门的软件测试部门,也不设置独立的软件测试岗位,造成产品质量得不到充分保证。这些年,国内众多软件企业已逐渐实现从软件产品模式向软件服务模式的思想转变,从当初最简单、最初级的软件测试方法逐步发展到今天系统化、科学化的全程软件质量保障体系,软件测试在软件质量保障和改进中发挥着极其重要的作用。但不可否认,较之于欧美一些软件产业发达的国家,合格的软件测试人员的缺口还是相当大的(据有关媒体报道,国内有些二三线城市的一些中小软件企业甚至找不到合适的软件测试人员),仍需要进一步加大对软件测试人才培养的投入力度。据不完全统计,目前我国 IT 行业能够达到国外软件企业测试与开发人员合理配置比例(1∶3 以内)的企业数量仅占 32％,而 1：7 以上配置比例的企业数量仍然高达 18％,如图 1.10 所示。这从一个侧面反映了我国软件测试行业的成熟度与国外相比还有很大差距,需要提升,同时也说明国内 IT 行业对软件测试类人才的需求增长空间是巨大的。

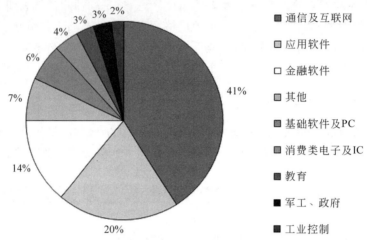

图 1.9　我国软件测试所属行业分布

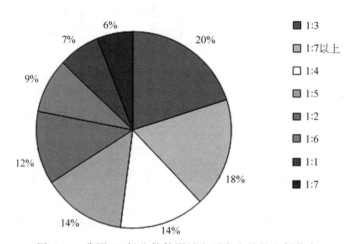

图 1.10　我国 IT 行业软件测试和开发人员的比例分布

　　根据近 5 年网上发布的计算机类、软件类、电子信息类等专业大学毕业生招聘信息,IT 行业从事软件测试岗位的工资待遇仍然呈逐年上升的趋势,岗位需求主要还是集中在国内一二线城市,其中像北京、上海、南京、杭州、武汉、大连等城市的需求达到 30％以上,因此软件测试人员的职业前景可以长期看好。

　　所以,要提高我国软件测试行业的发展水平,首先要解决人才的问题。一方面,要提高国内企业对软件测试的重视程度,另一方面要壮大软件测试队伍,提高测试人员的素养。国内很多软件企业对软件测试的重要性了解不够,重开发轻测试的现象较为严重。很多软件企业的测试工程师太少,也没有专门的测试部门,开发人员兼做测试工作的现象较为普遍,这种现象尤其在中小型软件企业中特别突出。改变这种现状需要一个漫长的过程,不过随着中国市场透明度的提高,产品质量问题将成为软件企业能否继续发展壮大的关键所在,也会促使越来越多的企业管理者意识到产品测试的重要性,会将越来越多的企业资源投入到测试工作中。

其次是要善于学习与吸收。中国人具有很强的学习能力,但在软件测试这一块,有太多国外的先进技术及经验需要学习。国外软件企业大都建立了一整套完善的测试机制,有丰富的软件测试经验,有强大的测试工具,有优秀的测试管理水平,这些都应好好学习。我们要确立与国外先进水平相同的技术指标和质量标准,解决测试手段落后、测试方法单一和测试工具欠缺等问题。在行业内部形成一个严密而有效的纠错系统,使国内的测试工作流程、技术水平接近国外先进水平,这样才能提高国内软件开发与测试的整体管理水平,增加软件产品的竞争力。

最后,大力发展第三方专业测试公司,重视利用第三方的测试力量进行测试。如果让企业从头去建立测试部门,并完善测试质量体系,需要较多的资金投入,增加企业的运营成本,而且技术支持和技术培训也得从头做起,往往很困难。而将研发出来的软件产品交给实力雄厚的第三方测试机构,不仅能大大提高软件产品的质量,还节约了产品测试成本。第三方测试机构将越来越多,规模也将越来越大。目前,国内很多地方都建立了软件产品检测中心,此类机构注重测试方法与质量,依靠技术与服务征服客户。国外这一方面发展得很好,国内的发展也需要加快。随着软件测试行业的发展,软件测试也会像软件开发行业一样出现分工的细化、测试人员等级的划分。人员等级的划分可以有初级测试员、测试工程师、高级测试工程师、测试设计师、测试经理等。同时也会出现各种软件测试的国家认证、企业认证、国际认证标准等。所以,国内需要不断学习,不断提高测试水平。[①]

1.3.1　国内软件测试岗位的就业前景

在国内,软件测试工程师可谓是最紧缺的 IT 人才。据有关部门统计,目前国内 IT 行业内真正能担当软件测试岗位的技术类及管理类人才比较紧缺。由于软件测试工作具有特殊性,测试人员不但需要对软件的质量进行检测,而且在各类软件项目的立项阶段、管理阶段、售前阶段、售后阶段、评审阶段等,都要开展相应的软件测试工作。因此软件测试行业具有很大的优势,从事软件测试职业是一个很不错的选择。

相对于国内 IT 行业软件开发类的岗位,一方面,软件测试的入职门槛并不算很高,除了计算机类专业学生之外,电子、自动化、通信、信息管理、电子商务等一些非计算机类相关专业,学历在专科以上的应、历届大学生(可以没有计算机和编程基础)以及希望进入 IT 领域的人员,都可以较好地从事软件测试工作(例如入职时可以先从一些简单的软件黑盒测试工作做起等),职业空间发展相对广阔。另一方面,软件测试工程师在薪酬待遇上不仅起步高,加薪幅度也相对较大。正如我国资深软件测试专家肖睿分析指出,这全是由当前我国软件测试行业的发展及职业需求的特殊性造成的。以南京为例,2017 年从事

---

① 张玮. 软件测试行业现状与发展[EB/OL]. (2011-05-03) [2018-12-10]. http://www.51testing.com/html/45/ n-234645.html.

软件测试一线工作（岗位）平均月工资在 6400 元以上（取自当前 3942 份样本统计），图 1.11 为南京市近 3 年软件测试岗位一线人员平均月工资收入分布情况。

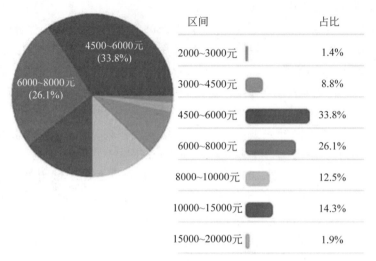

区间	占比
2000~3000元	1.4%
3000~4500元	8.8%
4500~6000元	33.8%
6000~8000元	26.1%
8000~10000元	12.5%
10000~15000元	14.3%
15000~20000元	1.9%

图 1.11　软件测试岗位一线人员平均月工资收入比例分布（南京）

此外，现代软件测试工作是对软件产品质量的把关，其中包含技术及管理等方面的工作，工作相对稳定，对从业人员年龄、性别等也没有过多限制（当前也有媒体认为，相对而言，软件测试岗位往往更青睐女性从业者。由于测试工作具有特殊性，软件测试人员往往更需要认真、耐心、细致、敏感等个性特征，而这在一定程度上与女性的个性气质相吻合）。

从软件测试职业发展方向来看，根据测试能力和经验的不同，国内很多软件企业从技术层面把软件测试从业者分为初级测试员、中级测试工程师与高级测试工程师 3 个等级，如表 1.7 所示。

表 1.7　软件测试从业者职业发展（技术方向）等级

等　　级	岗位能力描述
初级测试员	通常从事软件测试工作时间在 1～3 年，能够根据测试任务较好地完成测试计划、测试流程和测试方案的编写，以及测试用例（场景）的设计、执行、复用，提交软件缺陷报告，完成阶段性测试报告以及参与部分阶段性评审工作。能够胜任软件黑盒测试、各类测试文档的编写工作等
中级测试工程师	通常从事软件测试工作时间在 3～8 年，能够指导一个小型的测试团队，根据测试任务独立设计测试场景，搭建测试环境，较好地完成测试任务。能够胜任对一些主流软件代码的白盒测试、自动化测试、性能测试及数据分析等工作
高级测试工程师	通常从事软件测试的工作时间在 8 年以上，具备资深测试专家的水平。能够结合不同软件架构和多种开发技术探索最为有效的代码测试方法。能够带领一个项目研发团队从事高级技术阶段的自动化测试工作，包括指导完成自动化测试脚本的设计和开发，测试数据驱动开发，本地化测试框架开发以及自主研发某些测试特定业务所需要的一些（企业内部）小型测试工具等

国内也有一些大型软件企业(第三方软件测试机构)按照测试组长、测试经理、测试总监这 3 个软件测试从业者岗位级别来规划软件测试人员的职业发展,如表 1.8 所示。

表 1.8　软件测试从业者岗位级别

等　　级	岗位能力描述
测试组长	一般具备 3～5 年的软件测试经验,能够熟练掌握软件黑盒、白盒测试方法以及对一些主流测试工具的安装、使用技术等
测试经理	一般具有 5～10 年的软件测试工作经验,能够负责完成对中、大型(企业级)软件系统的总体测试工作的策划和实施工作,能够为测试团队成员提供业务上的指导
测试总监	一般具有 10 年以上的软件测试工作从业背景,能够负责企业级的全程测试活动以及软件产品的质量保障工作,全面负责企业内部软件测试人员的技术培训及相关测试资源管理等工作

1.3.2　软件测试人才职业素养

软件测试不仅是软件生存周期中的重要活动,而且在当今软件领域已经发展成为一种职业。现代 IT 行业要求软件测试人员应具备的能力如下:

(1) 软件测试知识。

树立全程软件测试的思想,熟悉软件测试领域的业务知识,充分了解软件测试活动的准则,掌握主流软件测试方法及相应测试工具的使用,能够规范化地撰写各类软件测试文档。此外,要求年轻的从事软件测试一线人员能够考取一些由国际知名软件测试资质认证权威机构所认可的软件测试行业认证证书[①],以提升自身的业务竞争力,这也已成为当前很多国内外知名软件企业择优选拔测试人才的重要依据。

(2) 自主学习能力。

随着时代的变化,软件测试技术也在不断发生变更。作为专业的软件测试人员,要善于利用各类书籍、各种网络(社交)平台(如 CSDN 论坛、MOOC 等)充分获取专业知识,提升自己的软件测试水平。

(3) 良好的文档写作能力。

在实际工作时,尤其是发现软件缺陷时,软件测试人员需要规范化地撰写出相应的缺陷报告、测试分析报告等,便于开发人员快速修复缺陷。所以,文档写作能力是软件测试人员必备的能力。

(4) 善于和软件开发人员沟通的能力。

现代软件测试遵循"测试先行"的思想,软件测试活动以全程保障软件产品开发质量为目的,自始至终贯穿于整个软件生命周期中。在软件的需求和设计阶段,软件测试人员就需要与开发人员充分沟通,从而更好地从用户使用角度来全面了解被测系统的各方面特征。不能成为软件开发人员的"对立面",更不能是为了想"找错"而"找错",从大局上影响软件的质量与开发时间。

---

① 目前,国际软件测试认证委员会(International Software Testing Qualification Board,ISTQB)颁发的证书是国际软件测试行业唯一公认的认证证书。有关 ISTQB 内容的介绍,详见本书附录 A。

在具备相应专业能力的基础上,软件测试作为一种职业去从事,还需要具备该职业所需的职业素养。软件测试人员需要具有敏锐的洞察力、缜密的逻辑思维能力,能以自己独特视角观察与辨别事物,富有较强的责任心,具有团队协作精神。

从事软件测试工作,除了具备计算机及软件相关的专业技能和行业知识外,测试人员还应该具备以下基本的职业素养。

(1)专心。

一个合格的测试人员执行测试任务时要专心,不能一心二用。实践表明,精力集中不但能够提高测试效率,还能发现更多的软件缺陷。发现缺陷最多的人往往是测试团队中做事最专心的人。

(2)细心。

执行测试工作的时候要细心。细心执行测试则不会忽略一些细节。细心的人往往更容易发现软件中隐藏的一些细微缺陷(如用户界面样式、文字缺陷等)。

(3)耐心。

测试程序很多时候会让人觉得"枯燥无味",不及设计程序有"成就感"。测试人员需要很大的耐心才能真正胜任测试岗位。如果性情浮躁,缺乏耐心,会错过很多发现软件缺陷的机会。

(4)能为用户所想。

测试人员在实际工作中应该完全从用户需求出发,想用户所想。要能始终站在用户(客户)使用群体价值的角度去思考、分析软件产品的特性。例如,对于测试软件中的每一个功能,都要认真思考:这个功能是用户真正想要的吗?这个功能可以为用户带来什么样的(商业)价值?按照目前的设计,这个功能好用吗?用户在使用(实现)这个功能时的操作流程方便吗?这个功能最终展示的效果易于用户接受吗?用户满意吗?测试人员千万不可以站在开发人员的角度,更不能站在自己的角度,把发现软件缺陷的数目当作日常工作的"业绩"。

除此之外,测试人员应该具备的职业素养还有很多。例如,测试人员不但要具有良好的团队合作精神,还要善于与他人沟通,宽容待人。发现软件缺陷时要积极与开发人员沟通,需要以客观的、中性的角度共同分析问题所在,协助开发人员修复错误。测试人员要理解开发人员,尊重开发人员的劳动成果。软件开发过程中难免出现差错,规模大、复杂度高的软件更是如此。不能因为在测试活动中发现了软件缺陷,就全盘否定开发人员的勤劳工作。

1.4 思考与习题

1. 为什么要进行软件测试?
2. 软件危机爆发的原因有哪些?
3. 软件的验证性与有效性确认,二者的含义与区别分别是什么?
4. 如何理解软件测试的"正反两面性"思维?
5. 请结合软件开发过程谈一谈软件缺陷产生的主要原因。

6. 软件缺陷的危害级别以及每一个级别的内容是什么?

7. 软件的"测试先行"思想指的是什么?

8. 软件测试活动的重要准则有哪些?

9. 如何提高我国的软件测试行业的发展水平?

10. 能否从自己的角度谈一谈如何提高软件测试类人才的职业素养?

第2章 软件的测试分析与设计

本章学习目标

- 了解软件测试需求的获取方法、分析过程、评审与跟踪
- 掌握软件测试计划的主要内容以及编写方法
- 了解软件测试用例在软件测试过程中起的重要作用
- 掌握软件测试用例的构成要素、设计要求以及规范化的书写方式
- 了解软件测试用例的评审与维护过程
- 了解软件测试用例的复用流程

在软件开发中,软件的需求分析与设计是软件开发活动的基础,即开发者要知道"开发什么"(分析用户需求是什么)以及"怎么去开发"(选择什么样的设计方法完成软件的开发)。通过第1章的学习,我们知道当今的软件测试活动自始至终贯穿于软件生命周期全过程,地位与作用也越来越重要。同样,软件的测试分析与设计活动更是实施软件测试工作的基础。也就是说,进行软件测试之前,测试人员也要知道"测什么"(即明确测试目标,确定测试范围,分析测试需求)以及"怎么去测"(选择合适的方法、策略,完成相应的测试设计活动)。

所以,本章的学习内容主要就是解决软件测试中的"测什么"与"怎么测"这两个基本问题,也会引出软件的测试需求、软件测试用例、设计与复用软件测试用例等重要内容。

2.1 测试需求分析

软件需求分析的基本任务是解决"软件到底要为用户做什么"的问题。为避免出现"最终开发出来的软件产品不是用户事先所想要的"窘境,开发者需要站在用户(客户)使用的角度调查与描述出用户所期待的软件功能,历经不断认识与逐步细化的过程确定软件的各项功能性需求、非功能性需求以及软件设计约束等细节因素,并找到可行的解决方案。

　　同样,软件测试也是如此。测试需求是解决"测什么"的问题,是整个测试项目的基础,也是制定测试计划、设计测试用例的依据。如果在测试需求不明确的情况下就开展软件测试工作,就会出现用户需求测试遗漏、产品质量关注不全面等问题。所以,如果要明确测试需求,同样也要开展测试需求分析活动。软件需求规格说明书同样也是软件测试需求分析的主要依据,测试需求分析的目标主要是明确软件的测试范围和功能处理过程。与用户需求一样,每一项测试需求必须是可追溯的、可验证的,也必须要有一个可观察、可评测的结果。需要注意的是,测试需求的获取与分析是不涉及具体测试数据的(具体的测试数据是软件测试用例设计环节中的内容)。

2.1.1　软件的测试需求

　　通常情况下,用户的原始需求是软件测试需求的直接来源。但是,现实中经常会出现用户需求无法明确的情况(甚至没有用户需求),所以很多软件测试机构会凭借测试人员的一些测试经验,尝试从其他途径获取测试需求。例如,软件的开发需求、市场上已有的同类软件产品的需求、该软件以前版本(如果有)的用户需求及其相关协议标准规范等。讲述软件的测试需求时,先了解几个与软件需求分析有关的概念。

1.(用户)原始需求

　　原始需求即用户的原始需求,一般通过用户(或使用软件的客户)口述的方式表述出拟开发软件的各项需求(包括功能方面的需求、非功能性方面的需求、软件产品设计约束等)。在实际工作中,原始需求基本都是通过用户口述,需求开发人员在旁边记录的方式生成,格式相对随意。当然,如果条件允许,也可以安排正式的座谈会、现场调研、走访客户等多种形式进行。

　　在现实中,由于用户表述的软件需求内容与需求开发人员的理解会存在某些认知方面的差异,因此往往需要软件开发人员在原始需求的基础上进行进一步细化,尤其对一些核心内容(如涉及软件质量特性方面)的需求表述,要进行专业的定量或定性处理,并经用户确认,形成用户期望实现的正式文档。

　　例如,用户提出需要一瓶果汁,需求开发人员则会记录类似"用户期望得到一瓶果汁饮料"的原始需求表述。但是,果汁的一些具体特性(如橙汁还是葡萄汁,是盒装的还是塑料瓶装的,有无生产厂家的限制,容量是 500mL 还是 850mL 等),必须要真正予以确认和验证,并形成一份规范的《软件需求规格说明书》或《用户需求规格说明书》。打个比方,如用户提出的原始需求是"需要一瓶果汁"。经过与用户反复沟通并确认后,需求开发人员形成的需求规格说明书内容如下:用户需要一瓶容量为 1L 的瓶装"康师傅"鲜橙汁(果汁含量≥20%)。也就是说,只有明确了用户期望目标(该果汁)的一些定量方面的属性后,用户需求才易于实现及测试验证。

　　所以,只有明确了用户需求的规格说明情况(通常是定量方面),才能根据相关软件质量标准验证其是否满足用户要求及满足的程度,因此需求规格的说明情况是测试工程师真正关心的验证基础。从软件工程的角度看,一份翔实的《软件需求规格说明书》是经过原始需求细化,与用户确认,从软件质量各大特性及其子特性考虑的量化的用户期望表述文档。一般而言,《软件需求规格说明书》包含拟开发软件的功能需求、性能需求、外部接口需求(包括用户界面接口及外部应用程序接口)等。根据软件的实际应用领域,可能还包括安全性需求、兼容性需求、可移植性需求等。所以,规范的《软件需求规格说明书》须明确定义需要实现哪些需求,哪些需求不能实现,以及参考哪些现行标准/协议/规范等。

2. 开发需求

开发需求主要面向软件开发人员,即要求在《软件需求规格说明书》的基础上进一步细化。一般来说,需要从体系架构、软件设计模式、用户操作界面以及人机交互等环节去考虑。例如,用户需求是"需要一盒 1L 的盒装鲜橙汁",转化为开发需求可以为"一瓶 1L 的盒装鲜橙汁,未开封的,并且配有吸管,可以直接插入吸管饮用"。

注: 对于一些采用原型开发方法的中小规模软件,在(用户)原始需求的基础上形成《软件需求规格说明书》后,可以先不必过多考虑具体的开发需求。因为在实际开发中,往往用户需求变更频繁,开发人员会和用户反复沟通与交流,根据用户意见调整与确认软件开发需求涉及的相关因素。

3. 测试需求

测试需求就是明确在软件项目中需要"测什么"的问题。主要包括:

(1) 明确测试范围,了解软件的哪些地方需要测试(测试项),哪些地方不需要测试(非测试项)。

(2) 明确哪些测试目标的优先级高(先测试),哪些测试目标的优先级低(后测试)。

(3) 明确需要完成哪些测试任务才能确保目标的实现。

表 2.1 列出测试需求中测试项与测试优先级的概念。

表 2.1　测试项与测试优先级的概念

概　　念	内　容　说　明
测试项	也称作测试点,即具体的测试对象(范围可大可小。大到一个功能模块,一个特性方面,一种应用场景等;小到一个应用程序页面,一个对话框,Web 页面上的一个菜单、按钮等)。对于一些复杂的软件项目,某一个测试项(点)通常也可以进一步分解成若干个测试子项,这样会很清晰地描述要测试的对象,也易于测试任务的分配
测试优先级	测试项执行的优先程度(优先级较高的测试项要尽早测试,优先级较低的测试项可以排在后面测试)。通常,测试优先级会从用户使用(价值)的角度来制订,即软件中所提供的那些用户最常用的特性或是对用户使用(体验)影响较大的特性,相对而言测试优先级较高

从软件测试的角度考虑,测试需求需要关注软件功能以及非功能特性的可度量、可实现、可验证等几个方面。例如,上述的开发需求为"一瓶 1L 的盒装鲜橙汁,未开封的,并且配有吸管,可以直接插入吸管饮用",测试需求就是要一一验证"一盒、1L、盒装的、鲜橙汁、未开封的、配有吸管、可以直接插入吸管饮用的橙汁"里的每一项是否都能实现,对每一个定量或定性的需求进行验证。

注：当开发需求完全继承于用户需求时，测试需求与用户需求的差异不大。

关于测试需求的分类，现代很多软件企业通常会从项目开发的角度出发，把针对项目软件的测试需求划分为功能测试需求、通用功能测试需求、流程测试需求以及非功能性测试需求 4 种类别。表 2.2 列出了每一种测试需求的内容。

表 2.2　项目软件测试需求的分类

项目软件测试需求类别	内　　容
功能测试需求	即不通用功能的测试需求，是将系统中显性、不通用的页面、功能，按模块顺序整理转化为便于测试的一种需求
通用功能测试需求	是指将系统中通用的功能操作、要求转化为便于测试的一种需求。如通用的功能按钮、页面、规定、名词术语等
流程测试需求	流程测试需求是将系统业务流程中不同结点、不同角色的特殊功能，整理形成直观的、便于测试的一种需求
非功能性测试需求	将软件中除明确的功能需求以外的要求定义为非功能性测试需求。如兼容性、观感（界面）需求、易用性、性能、可维护性要求等

当然，无论是哪一种测试需求，其主要来源还是《用户需求规格说明书》（也可以适当参考市场上同类软件产品及其说明书、该软件应用领域有关技术协议/规范/标准、测试经验、市场同行竞争分析报表等）。

在当前大多数情况下，对于一些内部结构不是特别复杂的中小规模软件系统，测试需求可以直接来源于《用户需求规格说明书》。测试人员可以直接根据《用户需求规格说明书》中对软件的功能、性能、外部接口特性的描述，直接提取测试项以及所包含的测试子项。在这种情况下，提取出来的测试项及子项基本能保证测试需求的正确性及有效性。因为这些中小规模的软件系统经过需求调研阶段，基本都能生成较为规范的《用户需求规格说明书》，因此这种情况下测试人员获取相应的测试需求是较为容易的。

2.1.2　如何进行测试需求的分析

朱少民[①]认为，现代软件测试机构对测试需求的分析主要基于以下两个出发点：

① 从用户角度：从用户的业务流程、业务数据、业务操作等方面分析，明确要验证的软件功能、数据、场景等内容，从而确定（业务方面）的测试需求。

② 从技术角度：通过研究系统架构设计、数据库设计、代码实现等，分析其技术特点，了解设计和实现要求，分析系统的稳定性、安全性、可靠性、分层处理、接口集成、数据结构、性能等方面的测试需求。

1. 测试需求内容的获取

测试需求分析的目标是尽可能覆盖所有需要测试的地方，尽可能确认需要测试的内容（测试项），不能遗漏。前面已经提到，如果有较完善的用户需求文档（如用户需求规格说明书、软件产品功能说明书等），测试人员可以考虑直接将一条用户需求作为一项原始

---

① 朱少民. 软件测试［M］.2 版. 北京：人民邮电出版社,2016.

测试需求来提取,即测试人员可以直接根据用户需求规格说明书中对软件功能、性能、外部接口特性的描述,直接提取测试项,测试需求内容的获取过程相对容易。如果缺乏相关需求文档,测试人员需要借助启发式的分析方法,并通过充分与用户代表、软件开发人员、产品经理等沟通,善于提问与归纳,让测试需求逐步变得清晰,从而尽可能获得良好的测试需求内容。

简显锐[①]等人认为,若某软件开发初期的用户需求不明确,没有用户需求及产品开发相关文档,很多测试机构的做法是充分依据拟开发软件(应用)领域的行业协议以及有关标准、规范等,尝试对原始测试需求的提取。提取出原始测试需求后,再针对协议、标准、规范来分析补充。例如,软件某一项功能在用户需求文档中未详细说明,其功能实现及应用情况可以参见××行业协议标准规范等。这种根据行业协议、标准或规范来获取测试需求的情况在当前移动通信、金融、证券等产品研发领域是比较常见的,因为这些软件产品的开发基本是遵循国家颁布的某些行业标准的。在这些软件产品的模糊需求规格说明书中,也经常可以看到诸如"具体需求,请参考《××行业协议》"等字样。

同样,朱少民[②]还提出,在软件开发初期(软件结构没有设计出来,代码也没有编写出来),用户需求不明确的情况下,建议测试人员必须从拟开发软件的业务目标、系统结构、业务功能、(业务)数据、软件运行的平台以及软件操作等方面综合分析(见表 2.3),了解并获取测试需求。(注:这种需求获取方法目前业内采取得比较多。)

表 2.3　获取测试需求需要分析的方面

分 析 方 面	分析内容说明
业务目标	软件所要实现的功能是否与系统达到的业务目标相一致。为了更好地达到这些业务目标,如何验证它们是否能实现这些目标
系统结构	拟开发的软件由哪些子系统、组件、模块组成。模块之间有什么样的关系,有哪些接口等
业务功能	软件能帮用户做哪些事情、处理哪些业务。处理这些业务时需要由哪些功能来支撑,形成什么样的处理过程。通过哪些用户操作页面界面来呈现这些功能。如何对实现功能期间发生的错误进行处理等
(业务)数据	软件能够处理哪些用户输入数据(包括正常的数据与异常的数据)。最终输出的是哪些用户想要的数据结果。输入的数据是如何转化的(传递的)。对输入数据及输出数据的格式有无要求。输出数据最后存储在哪些地方,能否方便地搜索、查询等
运行平台	软件运行在什么硬件、操作系统、相关应用程序平台上。有无特殊的环境配置。是否依赖于第三方软件系统等
软件操作	应用该软件有哪些用户角色。不同的用户角色、各自使用的场景(权限)是什么样的。不同用户角色使用的场景之间存在哪些交集等

在此基础上,测试人员还可以结合该软件应用领域的行业规范,对比分析市场上同类软件、类似软件(或软件之前的版本)发现的缺陷,总结缺陷的规律,探索测试需求。也可以从使用该软件(同类软件、类似软件等)的用户群体特征出发,在易用性(用户体验)方面

---

①　简显锐,杨焰,胥林. 软件测试项目实战之功能测试篇[M]. 北京:人民邮电出版社,2016.

②　朱少民. 全程软件测试[M]. 3 版. 北京:人民邮电出版社,2019.

提出有无需要关注的测试需求等。

2. 测试需求的分析过程

测试需求分析过程是一个"先逐条细化,再逐条整合"的过程。前面已经说过,在用户需求明确的情况下,测试人员可以考虑直接将每一条用户需求直接细化为一项测试需求,并形成相应的测试项(包括测试子项)。在此基础上,还需要统一整合这些测试项,并参考被测对象的产品设计说明书等资料,检查这些测试项是否存在遗漏,能否形成完整的测试覆盖面,支持软件产品的质量要求。若测试初期对于用户需求不明确(如缺乏相关需求文档、产品设计说明书等),测试人员需要凭借测试经验,按照表 2.2 中提到的拟开发软件的业务目标、系统结构、业务功能、(业务)数据、软件运行的平台以及软件操作等方面进行综合分析,不断细化每个方面的分析内容,挖掘出对应的测试需求,最后统一排列与整合,确保测试需求的完整性、系统性。当然,对于资深经验的测试人员,也可以依据相关行业标准、规范等,从软件的功能、性能、安全性、兼容性、人机交互、易用性等各个质量因素出发,提出与整合其对应的测试需求。

3. 测试需求的分析技术

关于测试需求的分析技术,朱少民[①]认为测试人员必须通过与项目干系人的沟通,收集足够的、有价值的信息或数据,借助以下途径来达到良好的分析效果:

① 通过提炼,抓住主要线索,或作为整体来分析,使测试需求分析简单化。
② 通过业务需求或功能层次的整理,使测试需求分析结构化、层次化。
③ 通过绘制各类业务流程图,使测试需求分析可视化。
④ 通过类比、隐喻,加强用户需求的理解,更好地转化为测试需求。

在测试需求的分析过程中,通常软件尚处在需求分析或设计阶段,很多软件企业主要采用需求原型分析技术开展对测试需求的分析。即基于已构建的、已开发的软件原型测试需求分析直观地理解软件产品,进而有助于测试需求的分析。

此外,充分运用各种静态分析技术进行测试需求分析。例如,借助统一建模语言(UML)工具,使用用例图分析各项需求之间的关系,可以较容易地确定测试需求的边界。通过状态图、活动图等列出相应的测试场景,了解功能状态转换的路径和条件,判定哪些是重要测试场景等。借助实体关系图(E-R 图)明确测试的具体对象(实体)及其之间的相互关系,进行相关分析。至于每一种静态分析技术的具体内容不在此阐述,感兴趣的读者可以自行查阅相关书籍。

除了静态分析技术之外,测试人员还可以借助思维导图、头脑风暴、鱼骨图、各类用户角色扮演方法等建立一个清晰的分析思维流程,展开测试需求的分析。

2.1.3　测试需求的评审与跟踪

我们知道,需求分析是软件生命周期中的一个重要阶段,如果需求出现了问题,会对

---

① 朱少民. 全程软件测试[M]. 3 版. 北京:人民邮电出版社,2019.

接下来的软件设计、编码等产生很大影响,最终影响交付的软件产品质量。正如图 2.1 所示,在需求定义阶段出现的问题,如果不及时发现并修复,会给后期修改软件设计方案及编写代码带来巨大的返工成本。所以有必要进行需求评审,找出软件需求分析文档中存在的问题,使相关干系人能够更好地理解软件需求,达成共识,便于今后的软件设计、编码、测试、维护等工作的开展。

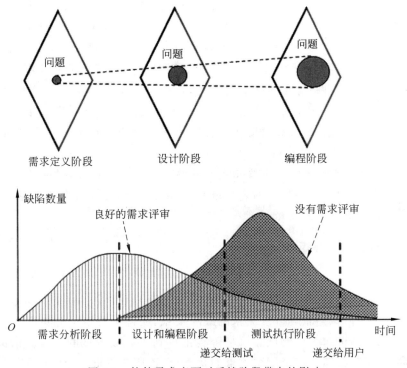

图 2.1　软件需求变更对后续阶段带来的影响

同样,对于软件的测试需求,同样要经过评审,以尽早发现测试需求定义中的问题(包括一些有歧义性、冗余性、遗漏的、前后定义混乱、违背用户意愿的测试项描述等),保证软件需求的可测试性。软件测试需求的评审使得软件开发、测试、技术支持、市场营销、用户等相关人员在对软件需求的理解上达到认识一致,更好地理解软件的各项功能需求与非功能性需求,确定有效的测试范围与目标,为接下来制定软件测试计划打下基础。当然,即便此后发生用户需求变更,但是只要测试需求经过了评审,是能够有效控制测试变更活动的,从而降低测试风险。

1. 测试需求的评审内容

测试需求的评审内容包括对测试内容的完整性审查和准确性的审(检)查。

完整性审查是检查测试需求是否覆盖了所有的用户需求以及软件需求的各项特征(例如功能要求、性能要求、用户界面要求、安全性要求、兼容性要求、可靠性要求、数据定义、接口定义、系统约束、行业标准等)。同时,还要关注被测软件的一些隐含性用户需求,即软件隐性需求,例如市场上同类软件的设计说明、技术标准、用户使用(体验)效果、已发现的缺陷情况分析等。

准确性审查是检查测试需求是否清晰、是否有歧义性,描述内容是否准确,是否能获得评审各方的一致理解,每一项测试需求是否都可以作为接下来设计测试用例的依据等。

2. 测试需求的评审过程简介

一般而言,对于一些重要的软件项目,现在都会采用较正式的项目会议形式进行现场测试需求评审,会议参与人员至少包括项目经理、项目测试人员(含软件测试负责人)、项目开发人员(含软件开发负责人)、用户(客户)代表、会议记录员等。会议召开前,需要确定好每一位参会人员的角色和相关责任,确保他们对有关测试需求的评审内容有充分了解(很多软件企业会在评审之前制作好有关评审材料,会上发放给每一位参会人员)。此外,会议期间要安排会议记录员认真记录对每一项测试需求的评审意见,评审结束时以签名及会议纪要的方式将评审结果通知项目相关人员。只有测试需求评审通过以后,测试人员才可以根据测试需求制定测试计划及编写测试用例。

注:有些软件企业也经常采用非正式的网络"函评"形式,对一些中小规模软件的测试需求进行评审,即把需要评审的内容发给项目相关人员,充分听取各方意见,最后把修改确认后的测试需求意见再发给测试人员确认。

3. 建立测试需求跟踪矩阵

完成测试需求评审之后,测试人员通常会建立一个测试需求跟踪矩阵(Test Requirement Tracking Matrix,TRTM),以方便对后续测试需求的跟踪和维护。测试需求跟踪矩阵建立了测试需求和开发需求的跟踪关系,明确了提取的测试需求与对应的开发需求的标识,是验证每一项测试需求是否真正得到了有效测试的工具。借助测试需求跟踪矩阵,可以实时跟踪每一个测试需求的状态,即该用户需求是否设计了,是否实现了,是否测试了。例如,图 2.2 给出了一个常用的测试需求跟踪矩阵模板。

软件需求		测试需求		
软件需求标识	软件需求描述	测试需求标识	测试要点	测试类型

图 2.2　测试需求跟踪矩阵模板

注:实际工作中可以根据需要扩充测试需求的属性。比如,增添测试需求的优先级、测试需求的测试类型等。此外,测试需求跟踪矩阵还需要不断地更新与维护。一方面,软件需求一旦发生变化,测试人员应该及时将与软件需求变更相关的内容进行同步变更;另一方面,随着测试工作的进行,会不断添加新的(测试需求)跟踪内容,以对跟踪矩阵进行扩展。例如,测试设计阶段的测试用例、测试执行阶段的测试记录和测试缺陷都可以添加到跟踪矩阵中。

2.2　软件测试计划

自古就有"凡事预则立,不预则废"("预"即是指"计划"的意思)的说法。开展软件测试活动之前,也需要建立相应的测试计划。

在现代软件工程中,软件测试计划已成为软件项目计划的重要组成部分。它建立在软件测试需求的基础上,是用于指导今后一系列测试活动的纲领。软件测试计划依赖于所在公司的软件开发流程及质量保障体系,但又具有一定的独立性,它为了实现测试目标而对拟开发软件产品的测试范围、策略、方法、活动等进行有效的策划。在国际软件测试认证委员会(International Software Testing Qualification Board,ISTQB)定义的完整的软件测试过程中,软件测试计划是软件测试活动的基础,包含了所有测试相关活动,如图 2.3 所示。同样,美国 IEEE 组织制定的 2008 版《软件测试文档 IEEE 标准》(IEEE Std 829—2008)对软件测试计划的定义为"一个叙述了预定的测试活动的范围、途径、资源及进度安排的文档。它确认了测试项、被测特征、测试任务、人员安排以及任何偶发事件的风险",同时高度强调了软件测试计划的独立性以及在整个软件测试活动中的重要地位,如图 2.4 所示。可见,软件测试计划是在软件需求分析阶段完成的,与软件开发计划一样重要,都属于项目开发计划的重要组成部分。

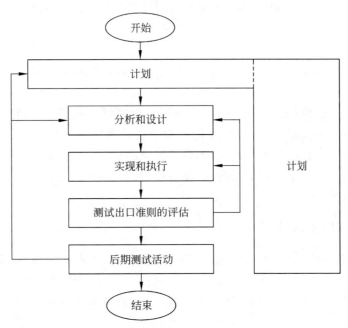

图 2.3　软件测试过程(ISTQB 制定)

在测试需求的基础上,制订软件测试计划的目的如下。

① 为软件测试各项活动制订一个现实可行的、综合的计划,包括每项测试活动的对象、范围、方法、进度和预期结果。

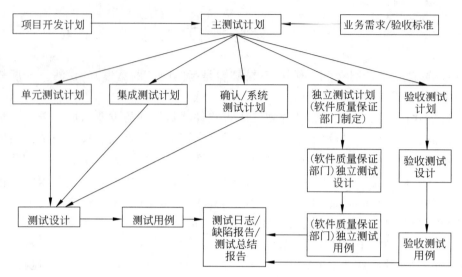

图 2.4　软件测试计划的地位(IEEE Std 829—2008)

② 定义测试项目中每项(测试工作、测试任务)的角色责任和工作内容,能正确地对正在开发的软件系统进行有效性确认与验证。

③ 制定开展每一项测试活动所需要的时间和资源,以保证其可行性。

④ 明确每项测试内容(任务)及每一测试阶段需要实现的目标,以及测试成功(通过)与测试失败(不通过)的标准。

⑤ 识别出测试活动中可能存在的各种风险,并消除(或尽可能降低)可能存在的风险隐患。

所以,软件测试计划是重要的、指导软件测试全过程的决定性文档。但是,软件测试计划中的内容并不是固定不变的,会伴随着对软件产品需求与设计评审的变化而调整。当然,软件产品需求与设计的评审反过来也会促进测试计划的制订与完善。由此可见,软件测试计划亦是一个持续计划的过程,会随着项目的进展不断更新,而不是仅局限完成一个测试计划的文档。

2.2.1　测试计划的内容

在现代 IT 行业中,高效的软件测试工作需要制订软件测试计划,明确各项测试活动及其相应内容。随着项目的进展与软件(测试)需求的变化,测试计划也要不断调整与完善。测试计划应该由项目测试负责人或测试组长,或具有丰富经验的测试人员来组织编写。

注:通常对于中小型软件项目,测试计划的制订可以由测试负责人直接负责。对于一些大型软件项目,测试计划的制订需要由测试负责人和开发负责人共同完成。

关于软件测试计划内容的编写,不同软件企业(或不同类型的软件产品)使用的模板可以不相同。例如,2008 版《软件测试文档 IEEE 标准》(IEEE Std 829—2008)中规定了软件测试计划的主要内容,如图 2.5 所示。

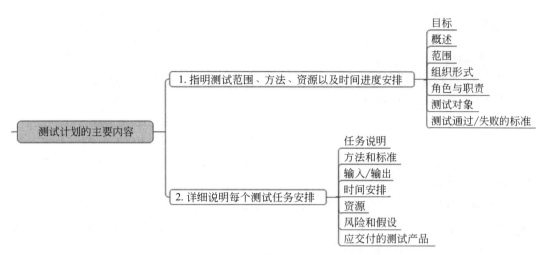

图 2.5　软件测试计划中的主要内容(2008 版《软件测试文档 IEEE 标准》)

　　我国 2006 年颁布的《计算机软件文档编制规范》[①](GB/T 8567—88)中的软件测试计划模板主要包括软件项目的测试背景、测试内容、测试设计说明以及评价准则 4 个方面内容,如表 2.4 所示,这里列出仅供参考。

表 2.4　软件测试计划模板主要内容(《计算机软件文档编制规范》(GB/T 8567—88))

模板内容	内 容 说 明
测试背景	说明被测软件的功能、输入和输出等质量指标,作为描述测试计划的提纲测试计划所从属的软件系统的名称 该开发项目的历史,列出用户和执行此项目测试的计算中心,说明在开始执行本测试计划之前必须完成的各项工作; 列出本文件中用到的专门术语的定义和外文首字母组词的原词组
测试内容	列出每一项测试内容的名称标识符、这些测试的进度安排以及这些测试的内容和目的。例如模块功能测试、接口正确性测试、数据存取的测试、运行时间的测试、设计约束和极限的测试等
测试设计说明	说明本测试的控制方式,如输入是人工、半自动或自动引入、控制操作的顺序以及结果的记录方法;说明本项测试中所使用的输入数据及选择这些输入数据的策略;说明预期的输出数据,如测试结果及可能产生的中间结果或运行信息;说明完成此项测试的一个个步骤和控制命令,包括测试的准备、初始化、中间的步骤和运行结束方式
评价准则	说明用来判断测试工作是否能通过的评价尺度。如合理的输出结果的类型、测试输出结果与预期输出之间的容许偏离范围、允许中断或停机的最大次数等

　　当前,很多资深软件测试工程师认为,一份好的软件测试计划要包括测试范围、测试策略、测试资源、测试进度和测试风险预估这 5 个方面内容,并且每一方面都要给出应对可能出现问题的解决办法。

---

　　①　中国国家标准化管理委员会. GB/T 8567-88 计算机软件文档编制规范[S]. 北京:中国标准出版社,2006.

1. 测试范围

测试范围描述了被测对象的主要测试内容。

例如,对于某系统的用户登录模块,功能测试既要测试用户的 PC 浏览器端,又要测试用户的智能手机移动端,同时还要考虑登录的安全性等一些被测对象非功能性需求的测试。

通常,确定测试范围是在用户需求分析完成后进行,所以确定测试范围的过程在一定程度上也是对需求分析的进一步检验,这也将有助于在早期阶段就发现拟开发软件的用户需求是否存在一些潜在遗漏。

此外,软件测试活动中是无法做到穷尽测试的,而且测试时间和资源也都是有限的。所以,在实际测试中必须进行有针对性的测试。因此,在测试范围中需要根据软件产品的用户需求明确出"测什么"和"不测什么"。

2. 测试策略

测试策略,简单来说就是要明确测试的重点以及各项测试内容的先后顺序,即"先测什么,后测什么"和"如何来测"这两个问题。

例如,对于某 Web 系统的用户登录模块,针对"用户无法正常登录"和"用户无法重置密码"这两个潜在问题,它们对业务(用户使用)流程的影响孰轻孰重,一目了然。所以,根据常识,需要确定测试优先级,即先测"用户能否正常登录"的功能,再测"用户能否重置密码"的功能。

此外,测试策略还需要说明对某一项测试内容需要采取什么样的测试类型(一般指针对软件某一方面的质量属性或特性方面的测试。例如,针对软件的功能测试、性能测试、兼容性测试、安全性测试等)和测试方法(是手工测试还是自动化测试,还是手工测试与自动化测试相结合的测试方法等)。例如,对系统用户页面上的各项菜单功能进行测试,采用手工测试方法即可。但是,如果在多用户并发环境下测试系统用户页面的打开速度,则需要使用相关性能测试工具,采用自动化测试的方法进行。需要注意的是,对于一些业务流程较复杂的测试内容,不仅要制定出拟采取的测试类型,还要详细说明具体的实施方法。

3. 测试资源

测试资源通常包括测试人员和测试环境,在实际工作中这两类资源都是有限的。现代软件测试要求能够在有限的测试资源下取得最大的测试效率。所以,测试资源就是需要明确"谁来测"和"在哪里测"这两个问题。

测试人员的配备是最重要的,这直接关系到整个测试活动的成败和效率。通常会从两个角度考虑测试人员的资源配置,一是测试人员的数目;二是测试人员的水平(包括个人测试经验和能力等)。

一般而言,若测试人员的水平不足,很难通过增加测试人员的数量来弥补。相反,如果测试人员具有较强的水平(测试经验和能力都非常强),则可以适当减少测试人员的配置数量。

在现代软件企业的测试团队中,通常既有资深测试工程师,又有刚入职的初级测试人员。测试负责人需要充分了解测试团队的人员特点,针对团队的实际情况安排测试人员的分配计划。例如,难度较大的测试工作(一些难度复杂的测试业务流程、一些测试新工具、新方法的应用、一些难度较大的自动化测试工作等),通常由资深的测试工程师承担。而测试难度相对较低的、机械性的工作(一些简单的功能测试、用户界面测试等),则由初级测试人员完成。

测试环境比较好理解。对于同类别(一般指开发规模、应用领域大体相同的)的多个不同测试项目,可以使用同一个共享的测试环境,也可以搭建专用的测试环境。

4. 测试进度

测试进度是指在明确了测试范围、测试策略和测试资源之后,考虑具体的测试时间安排情况。测试进度主要描述各类测试任务的开始时间、所需工作量、预计结束时间,并以此为依据拟定最终软件产品的上线发布时间。

5. 测试风险预估

测试风险预估是指充分预估在实际测试过程中可能出现的各种风险,以及采取必要的、有效的风险规避、应急等管理措施。实际工作中,因为用户需求变更、开发延期、项目人员变动、发现重大缺陷等因素不可避免,因此很少有整个测试过程是完全按照原本的测试计划执行的。例如,对于用户需求变更(增加需求、删减需求、修改需求等),一定要重新进行测试需求分析,确定变更后的测试范围和资源评估,并与项目经理(产品经理)以及企业高管及时沟通由此而引起的测试进度变化。

在实际工作中,很多软件企业会"因地制宜"地制订自己的测试计划内容。综合比较,这里推荐朱少民[①]设计的一个使用效果较好的软件测试计划模板,该模板较详细地列出了需要撰写的主要内容,目前已被国内很多软件企业或测试机构采用,如表 2.5 所示。

表 2.5　软件测试计划模板

测试内容	说明
测试目标	包括软件总体测试目标以及各测试阶段的测试对象、目标及其限制等
测试需求和范围	确定软件的哪些功能特性需要测试(包括对所需测试功能特性的分解、具体测试任务的分配),哪些功能特性不需要测试等
测试风险	潜在的测试风险分析、识别、规避、监控措施等
项目估算	采取何种评估技术,对测试工作量(测试周期、各类测试资源等)的估算
测试策略	根据测试需求与测试范围、测试风险、测试资源及限制条件等确定相应的测试方法

①　朱少民. 软件测试[M]. 2 版. 北京:人民邮电出版社,2016.

续表

测试内容	说　　明
测试阶段划分	合理的阶段划分,定义每一个测试阶段开始与完成的标准
项目资源	每一个测试阶段所分配的软硬件资源及人力资源的组织、管理与建设等
日程	确定每一个测试阶段的结束日期以及最后测试报告的提交日期时间等
跟踪和控制机制	测试中的问题跟踪报告、变更控制及缺陷预防管理等

2.2.2　制订测试计划

前面已经强调,软件测试计划的制订是一个不断细化、不断优化与不断调整(由粗略到详细)的动态迭代过程。测试计划不是一下子“编”出来的,而是在充分了解测试需求的情况下,结合当前软件的开发过程历经反复“优化”出来的。通常,测试计划的制订过程主要分以下 4 个阶段。

1. 测试资料收集

测试人员与开发人员一起,在计划初期主要对项目(开发)计划,用户需求(含用户需求规格说明书、系统开发原型)等资料进行收集,多和项目相关人员(项目干系人)交流,真正了解用户需求。

2. 计划的编写

根据计划初期掌握的各类项目信息,依据测试需求确定测试策略,选择测试方法等,完成测试计划的编写。这里可以仅是一个框架性的测试计划,从宏观上反映测试整体安排,无须过于详细。因为在测试计划中,测试需求是重要的部分。但是测试需求往往会随着项目开发的不断推进而发生变化,所以测试计划也要随之进行相应的动态调整。

3. 评审

测试计划需要首先在软件测试部门(小组)内部进行审查,可以是非公开(非正式)的形式。如果条件允许,项目中的主要相关人员(如项目经理、各类开发人员、测试人员、用户代表等)都应该参与审查。可以以正式的会议研讨形式,听取测试计划的设计思想、制定策略等,对测试计划的内容进行多方位的评审。测试人员制订的测试计划一定要在评审中综合多方面的意见,进行完善与修改,最后形成一份正式的、规范化的测试计划书(文档),经项目经理批准后方可执行。

当然,有些软件企业在召开正式的测试计划评审会议时,通常会事先制订好一份表 2.6 所示的测试计划评审检查单,检查测试计划的要点以及制订测试计划时容易遗漏的内容,辅助开展测试计划的评审活动。

表 2.6　软件测试计划评审检查单

检查者		检查日期		
检 查 内 容			结论（Y/N）	说明
测试目标是否明确？				
测试范围（测试什么,不测试什么）是否清晰？				
测试需求是否覆盖了软件需求相关测试项（点）？				
对每一个测试项（点）所采取的测试策略（测试方法、测试工具使用等）是否合理？				
测试（软件、硬件、网络等）环境是否明确？				
是否已明确定义了每一个测试项（点）的测试开始与完成的标准？				
测试的时间进度与人员安排是否合理？				
测试组织管理（测试角色及职责的定义、测试人员的隶属关系、软件缺陷修复与管理机制等）是否合理？				
测试可能遇到的关键风险是否能够有效识别？是否制定了相应的规避措施等？				
测试计划的文字内容（包括一些专业术语等）在表述上是否清晰、规范等？				

注：对于检查结论为"N"的检查项,需要填写说明。

4. 计划执行的跟踪和修改

测试计划正式制订完毕后,在实际执行中并不是一成不变的。由于测试环境、测试需求、测试资源等因素的变化,测试计划的内容也需要进行有针对性的调整,满足测试需要。

制订测试计划的同时,可以结合实际情况制订一个计划跟踪表,在测试执行过程中根据测试实施进展状况定期检查测试计划是否符合预期,并把相关信息及时记录在计划跟踪表中。

初学者需要注意的是,在当前软件开发迅速的环境下,软件发布版本变更频繁,测试计划也是软件新(下一个)版本测试设计的主要依据。也就是说,制订软件新版本的测试计划可以在原有测试计划的内容上修改与完善,但是同样需要严格的评审过程。因此测试计划的制订具有灵活性。

例如,针对中小规模测试项目,测试计划的制订可以直接由一个经验丰富的资深测试人员负责。而针对较大规模的测试项目,多个测试人员参与,则可以按照项目模块划分测试内容或用户测试需求,各个测试人员完成各自负责部分的测试计划的编写,最后测试负责人(经理)牵头组织大家一起完成整个项目的测试计划。

此外,还可以按照软件测试阶段,对某个项目制订阶段性的测试计划,如单元测试计划、集成测试计划、确认/系统测试计划、验收测试计划等。也可以针对被测软件的特性分别制订测试计划,如功能测试计划、性能测试计划、安全性测试计划、兼容性测试计划、图形用户界面(GUI)测试计划等。对于一些大型的软件系统,可以对每一个部分(子系统)分别制订相应的测试计划,最后汇总起来形成一份总的(主)测试计划等。

最后,本节在这里补充介绍国外软件测试机构普遍采用的 5W+1H 方法编写软件测试计划的思维模式,供感兴趣的读者深入学习。

5W+1H 基于美国政治学家拉斯维尔提出的"5W 分析法",它经过人们的不断运用和总结,逐步形成了一套成熟的用于编写软件测试计划的 5W+1H 分析方法,如图 2.6 所示。其中,5W 分别表示内容(What)、责任者(Who)、工作岗位(Where)、工作时间(When)与为何这样做(Why),1H 表示怎样操作(How)。

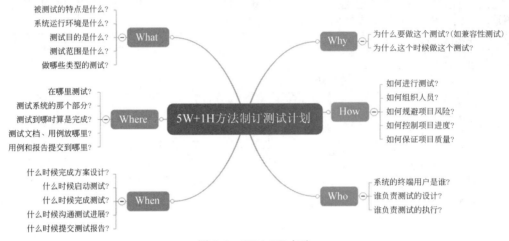

图 2.6　5W+1H 方法

实际上,5W+1H 方法更是一种思维导图模式,用于启发测试人员的设计思路,达到完成编写软件测试计划的目标。

2.2.3　测试计划案例

本小节以某小型图书馆管理系统的测试计划为案例,简要介绍该系统软件测试计划说明书的编写内容。该小型图书馆管理系统的用户需求及详细的《需求规格说明书》内容,详见编者①所编著的《简明软件工程教程》一书,在此不赘述。

此外,该案例的设计适当参考了黎连业②等人所编著的《软件测试技术与测试实训教程》。

1. 引言

项目名称	小型图书馆管理系统	立项单位	×××高校图书馆
文档名称	测试计划书	版本号	V1.0
编写人	张三	编写日期	2018 年××月××日
审核人		审核日期	2018 年××月××日

---

① 余久久. 软件工程简明教程[M]. 北京:清华大学出版社,2015.
② 黎连业,王华,李龙,等. 软件测试技术与测试实训教程[M]. 北京:机械工业出版社,2012.

（1）编写目的。

通过测试，验证该小型图书馆管理系统已经达到设计的标准。描述需要测试的特性、测试的方法、测试环境的规划、测试用例的设计方法，明确测试策略。并且交由项目经理、测试部门经理审阅。

（2）测试背景说明。

小型图书馆管理系统是第一次开发，即 V1.0 版本（第 1 版），本次测试也是第一次测试。

测试人员分配如表 2.7 所示。

表 2.7　测试人员分配表

	手工测试	自动化测试	职　责
测试人员	张三 李四	王五 赵六	① 制订系统测试计划 ② 搭建系统测试环境 ③ 撰写系统测试用例 ④ 执行系统测试 ⑤ 填写缺陷记录 ⑥ 进行回归测试
测试负责人	张三	张三	① 审核系统测试计划 ② 撰写系统测试报告、缺陷统计分析报告等

（3）相关术语定义。

本说明书中的“小型图书馆管理系统”可以在以下内容中缩写成“本系统”。

其余：无。

（4）主要参考资料。

① 余久久.《简明软件工程教程》.北京：清华大学出版社，2015.

② 黎连业，王华，李龙.《软件测试技术与测试实训教程》.北京：机械工业出版社，2012.

③ 赵聚雪，杨鹏.《软件测试管理与实践》.北京：人民邮电出版社，2018.

2. 系统说明

（1）系统需求简介。

该图书馆管理系统需要实现读者借书、读者还书、查询图书信息、查询读者本人信息等功能。该系统主要功能业务，即借书/还书的流程如图 2.7 所示。

在本系统 V1.0 版本中，所提取出的用户基本需求如下：

① 图书查询。读者进入图书馆管理信息系统后，可以根据书名、图书编号、作者姓名等关键字查询图书信息。

② 读者借书。系统检测读者信息是否有效，若无效，则拒绝借书。若有效，则进一步检测读者已借阅的图书册数是否超过规定的数量。若没有，读者可以借阅该书。若达到规定的数量，系统拒绝借书。

③ 读者还书。读者还书时，系统通过读者的借阅证号检测欲还图书是否超期，如果

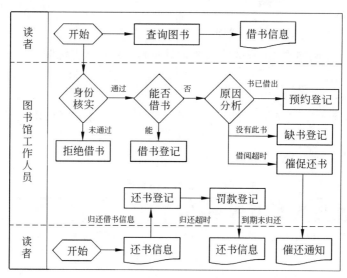

图 2.7　系统主要功能业务流程

超期,则进行超期处罚。如果未超期,则登记还书信息。

经过开发人员与图书馆工作人员的交流,小型图书馆管理系统在实现图书查询、读者借书与读者还书的主要功能基础上还应该具有读者预约图书、系统催促归还图书等功能。

(2)测试进度安排(见表 2.8)。

表 2.8　测试进度安排

起 止 时 间	人　员	主要测试内容
20××年××月××日到 20××年××月××日	张三/李四/王五	① 编写系统测试计划 ② 搭建测试环境 ③ 跟踪测试进度 ④ 分析 bug 出现的原因并找出解决的方案
	张三/王五/赵六	① 测试管理工具的使用情况 ② 编写自动化测试流程方案 ③ 进行自动化测试
	张三/李四	手工测试: ① 功能测试 ② 易用性测试 ③ 兼容性测试 ④ 图形用户界面测试 ⑤ 安装测试 ⑥ 确认测试
	张三/王五/赵六	利用自动化工具进行: ① 单元测试 ② 集成测试 ③ 性能测试 ④ 回归测试

3. 测试内容说明

本系统的测试内容将从两个层面开展软件测试活动。按照软件测试阶段的划分,本系统的测试内容分为单元测试、集成测试与回归测试。按照系统各方面的特性,测试内容分为功能测试、易用性测试、图形用户界面测试、性能测试、兼容性测试、安装测试。总体测试内容如表 2.9 所示,在表 2.9 的基础上,需要分别再对计划中的每一项测试内容做出相应的测试描述(可以通过表格形式)。限于篇幅,这里仅列出了总体测试内容中的单元测试(表 2.10)、功能测试(表 2.11)以及易用性测试(表 2.12)的测试描述内容。

表 2.9　总体测试内容列表

测试层面	测试内容	是否进行测试	测试优先级	说　　明
测试阶段	单元测试	是	中	各单元模块能否成功实现
	集成测试	是	高	各模块间的数据、控制信息无错
	回归测试	是	中	软件发生改动,就可能给该软件带来诸多问题,必须重新测试现有的功能模块
系统特性	功能测试	是	高	功能能否正确实现
	界面测试	是	高	界面简洁、易用、无错误之处
	易用性测试	是	中	操作步骤清晰简洁
	性能测试	是	中	验证软件系统是否能够达到用户提出的性能指标,同时发现软件系统中存在的性能瓶颈及问题,找到软件的可扩展点,优化软件,最后起到优化系统的目的
	兼容性测试	是	中	测试软件是否和系统其他与之交互的元素之间兼容,如浏览器、操作系统、硬件等。验证被测软件在不同的软件和硬件配置中的运行情况
	安装测试	是	高	在不同的操作系统上安装和反安装是否会有问题,安装后是否可以反安装,反安装后是否可以再次安装

表 2.10　单元测试内容

测试内容	内容介绍	进度安排	测 试 资 源	测试策略
单元测试	主要测试本系统各个模块的实现以及模块间的接口情况	本测试计划用 3 天时间完成	① 计算机 3～5 台(安装 Win 7 操作系统); ② 安装软件:VC++ 6.0、Office 2010、SQL Server 2013 数据库、C++ Tester 自动化测试工具、QTP 自动化测试工具 ③ 人员:2 人	自动化测试方式

表 2.11　功能测试内容

测试内容	内容介绍	进度安排	测试资源	测试策略
功能测试	主要测试本系统各个功能的实现情况	本测试计划用 3 天时间完成。测试内容包括所有要求实现的功能,请详看该系统的《软件需求规格说明书》	① 小型图书馆管理系统的《软件需求规格说明书》 ② 被测试系统要基于 Win 7 平台 ③ 本测试所用到的方法包括因果图法等,并结合自动化测试工具进行 ④ 人员:2 人	手工测试和自动化测试相结合的方式

表 2.12　易用性测试内容

测试内容	内容介绍	进度安排	测试资源	测试策略
易用性测试	主要测试本系统用户操作界面的易用性情况	本测试计划用 1 天时间完成。主要测试人机交互友好性情况等	① 计算机 3 台(安装有 Win 7 操作系统) ② 小型图书馆管理系统的《软件需求规格说明书》 ③ 被测试系统要基于 Win 7 平台 ④ 预安装了 VC++6.0 开发软件、Office 2010、SQL Server 2013 数据库 ⑤ 手工测试人员 3 人	手工测试方式进行 **注:**本测试以测试人员的主观印象和客户方的要求进行

4. 评价准则

(1) 范围。

所编写的测试用例可以满足测试的需要。

(2) 数据整理。

所做的各种测试都统一存为 Word 文档或 Excel 文档,也可以保存到 QC 质量中心软件中,但是最终要把所有的测试资料交给负责人统一整理、备案。

(3) 尺度。

本系统对图书信息、读者信息等查询结果不允许有错误。增加、删除、修改、查询不能出现任何误差。数据资料的安全性要有保证,密码等口令要经过加密处理。性能方面可以适量降低。可靠性和易用性要高。

2.3　测试用例设计

在我国软件测试发展的初期,有些软件企业把软件测试活动仅作为一项非正式的辅助性工作,测试人员基本都是凭借主观经验开展测试活动。在这种情况下,测试覆盖率及正确性基本都是靠测试人员的个人职业素养,经常会出现遗漏测试、盲目测试等情况。随着软件测试行业的发展,用户对产品质量的要求不断提高,现在国内越来越多的软件企业都严格要求在正式执行软件测试活动之前必须进行相应的测试用例设计,以期降低软件质量风险,提高测试活动质量。

　　软件测试用例是针对某个测试对象事先设计好的一组测试输入数据(动作、行为),执行条件以及预期结果,验证该对象是否满足特定需求,起到指导具体测试执行活动的作用。简单地说,测试用例由测试输入数据和与之对应的预期输出结果两部分组成,利用这些测试用例运行程序,观测实际输出结果与预期结果是否一致,达到发现错误的目的。

　　设计测试用例的作用是对具体的每一项测试工作的指导,即指导测试的实施过程,从实际测试的角度对被测对象的功能和各种特性的细节展开验证活动。设计测试用例时,除了设计出合理的输入数据(条件),也要设计出不合理的输入数据(条件)。合理的输入条件是指能验证程序正确的输入条件,而不合理的输入条件是指异常的、临界的,可能引起问题异变的输入条件。在测试程序时,人们常常倾向于过多地考虑合法的和期望的输入条件,以检查程序是否做了它应该做的事情,而忽视了不合法的和预想不到的输入条件。事实上,软件投入运行以后,用户的使用往往不遵循事先的约定,使用了一些意外的输入,如用户在键盘上按错了键或输入了非法的命令。如果开发的软件不能做出适当的反应,给出相应的信息,就容易产生故障,轻则给出错误的结果,重则导致软件失效。因此,软件系统处理非法命令的能力也必须在测试时受到检验。用不合理的输入条件测试程序时,往往比用合理的输入条件进行测试能发现更多的错误。

2.3.1　测试用例的重要性

　　测试用例的重要性毋庸置疑。测试用例是为了更有效、更迅速地发现软件缺陷而设计的,是测试执行的基础。它能将软件测试活动进一步转化为可实施的、可管理的行为,全面跟踪测试需求,避免测试遗漏。测试用例的重要性主要体现在以下方面:

　　(1) 重要的参考依据。

　　测试用例是测试结果正确与否的重要参考依据。在实际测试过程中,被测软件某一个测试项的测试结果到底是正确还是错误,根据什么来判定,依据是什么,这些结论不能凭借开发人员及测试人员的主观臆断,更不能凭个人喜好。对实际测试结果的判定必须严格依据(该测试项)测试用例中所描述的预期结果。也就是说,只有实际测试结果与预期结果相符合,才能说明(该测试项)测试通过,即该项功能的开发是正确的。否则,(该测试项)测试不通过,即该项功能的开发是错误的(需要开发人员修复)。

　　(2) 测试的客观性。

　　无论哪一位测试人员实施测试活动,都要依据事先设计好的测试用例保证测试质量,完全摒弃人为因素。

　　(3) 测试的有效性。

　　软件测试活动不能做到穷举测试。如何以最少的测试资源(人力、时间、资金等)投入,在最短的时间内完成测试活动,发现更多的软件缺陷,是现代软件测试追求的目标。一般而言,精心设计好的测试用例会有针对性地对被测软件有可能出现的异常情况、程序的边界条件等进行充分考虑,有助于测试人员在最少测试时间内发现存在的软件缺陷。

　　最后,软件测试用例对人才培养及知识传递也起到一定作用。对于新入职的测试人员,现在很多软件企业都是先让他们阅读与熟悉一些已有的软件测试用例来了解被测软件(或同类软件)的产品特征及测试方法,这也已成为当前培养软件测试人才的有效手段之一。

2.3.2 测试用例的组成要素

简单地说,一个测试用例包括测试输入数据(动作、行为),执行条件以及预期的(输出)结果。其中,测试输入数据包括用户输入数据(尽量模拟用户输入的各种真实的数据)以及相应的操作步骤(要求清晰简洁)。执行条件指测试用例要求执行的特定环境和所在的前提条件。预期的结果是指在指定的输入和执行条件下软件系统显示出(输出)的预期结果。预期结果并不一定都是用户能见到(可观察到)的行为。例如,对于由多个输入步骤组合成的某一输入行为,中间的某一步骤在输入后所产生的(中间)结果未必是可见的。

在软件测试文档中,一个通用的测试用例包含的要素一般由用例编号(用来唯一识别该测试用例的序号),测试内容说明(通常对应的是某一个不可再细分的测试项,可以是一个测试点或测试子项),用例级别(该测试用例执行的优先级情况,如低/中/高),预置条件(执行该测试用例的前提情况说明),测试输入(详细的操作步骤以及对应的输入数据),预期结果(用户希望得到的程序、数据呈现结果),备注(额外情况说明等)这些要素组成,可以用 Word、Excel 等格式文档编写(也可以通过一些测试用例管理类软件自动生成)。

当然,现在很多软件企业或测试机构会在通用测试用例所包含要素的基础上做适当修改,或增加一些额外的非主要要素(如该用例的执行时间、所关联的其他测试用例编号等),形成自己独特的测试用例模板。例如,刘德宝[①]就提供了某软件企业使用的一个测试用例模板,值得初学者充分借鉴,如表 2.13 所示。

表 2.13 软件测试用例模板

字 段 名 称	注　　释
用例编号	用来唯一标识该测试用例的编号(要求具有易识别性和易维护性,测试人员根据该编号很容易识别该用例的目的及作用)
测试项	测试用例对应的功能模块,包含测试项及子项以及该用例所属的功能模块
测试标题	用来概括描述测试用例的关注点,原则上标题不可重复,每条测试用例对应一个测试目的
用例属性	描述该用例的功能用途,如功能用例、性能用例、可靠性用例、安全性用例、兼容性用例等
级别	体现了测试用例的重要性,可根据测试用例的重要级别决定用例执行的先后次序。重要级别一般有高、中、低 3 个级别,级别可继承于需求优先级
前提条件	是执行该用例的先决条件,如果此条件不满足,则无法执行该用例
测试输入	执行测试时,往往需要输入一些各种类型的外部数据(文件、记录等)。这些构造的测试数据即称为测试输入
操作步骤	根据需求规格说明书中的功能需求设计用例执行步骤。操作步骤阐述执行人员执行测试用例时应遵循的输入操作动作。编写操作步骤时,需明确给出每一个步骤的详细描述

---

① 刘德宝. 软件测试技术基础教程:理论、方法、面试[M]. 北京:人民邮电出版社,2016.

字 段 名 称	注　释
预期结果	用户希望得到的程序、数据呈现结果。预期结果来源于软件需求规格说明书,说明用户显性期望(或隐性)的需求
实际结果	用例设计时此项为空白,执行用例后,如果被测对象的实际功能、性能或其他质量特性表现与预期结果相同,则被测对象正确实现了用户期望的结果,则测试通过,此处留白,否则需要填写实际结果,以提交一个缺陷(通常以插入图片形式)
备注	还可能根据公司测试管理的实际需求增添其他字段,如测试人、测试时间、关联的测试用例、关联的缺陷等

关于测试用例模板文档的设计及使用,需要注意以下几点:

(1) 现代软件工程中,所有的软件文档都包含编号这一关键词,软件测试用例文档也如此。测试用例编号的一般格式如下:

A:产品或项目名称,如 CMS(内容管理系统)、CRM(客户关系管理系统)。

B:一般用来说明用例的属性,如 ST(系统测试)、IT(集成测试)、UT(单元测试)。

C:测试需求的标识,说明该用例针对的需求点,可包括测试项及测试子项等,如文档管理、客户管理、客户投诉信息管理等,通常可根据实际情况调整为 C-C1 的格式,如客户管理-新增客户,其中客户管理为测试项 C,新增客户为测试子项 C1。

D:通常用数字表示,一般用 3 位顺序性的数字编号表示,如 001、002、003 等。例如,用例编号示例如下:CRM-ST-客户管理-新增客户-001。

(2) 测试用例模板中的“前提条件”,其内容在实际确定过程中往往选择与当前用例有直接因果关系的条件。当某个功能 A 或流程的输出直接影响下一个功能或流程的工作时,可称 A 是下一功能或流程的预置条件。预置条件选择的正确与否,可能会影响测试覆盖率、测试开始/停止标准的执行情况等。

(3) 测试人员在编写测试用例的预期结果时,实际中往往会从以下两个方面来考虑:一方面是预期界面表现,执行相关操作后,被测对象会根据测试输入做出响应,并将结果展现在软件界面上,用例预期结果中可包括此部分的描述。另一方面是预期功能表现,通常从数据记录、流程响应等几个方面关注预期功能表现。

2.3.3　测试用例的书写要求

在实际编写软件测试用例的过程中,测试人员需要按照测试用例组成要素的书写要求书写测试用例使其具有良好的可读性与可理解性,方便统一管理与今后继续使用(复用)。最新版《软件测试文档 IEEE 标准》(IEEE Std 829—2008)中就列出了的测试用例的书写要求及规范,感兴趣的读者可以网上查阅。

为了方便初学者更好地学习与了解测试用例相关书写规范,以下列出了当前国内很多软件企业测试部门所制定的针对测试用例的一些通用的书写要求,以供参考。

① 针对某测试项(子项)一个功能中的一个正常流程,只编写一个测试用例;若该功能中还包含有多个异常流程,应分开编写,即再对每一个异常流程编写一个测试用例。

② 关于测试用例中操作步骤内容的书写,文字表述需要以肯定句的形式,言简意赅

（对于一些长句,可以根据逻辑表达的意思拆分成若干个短句）。不能出现二义性,不能写疑问句、反问句、否定句等。

③ 对于同一个测试用例,若有特殊验证数据要求的,需要在该测试用例的"测试输入"一栏额外书写特殊数据的内容。

④ 除了功能之外,针对某测试项的其他非功能性(特性),如兼容性、性能、人机交互、界面样式等,也是同样的要求。

需要注意的是,对于刚入职的测试人员而言,养成良好的测试用例书写能力非一朝一夕之事,更不能一蹴而就,需要在反复阅读与理解已有(规范性)测试用例的基础上,结合实际的测试项目,历经大量测试用例的书写与测试实践活动,方可具备。

假设某商业管理系统的用户需求规格说明书中正常的"新增用户"功能需求描述如下:

在该用户具有系统登录权限的前提下,在"新增用户"的界面中单击"新增客户"按钮,正确输入用户信息:姓名(长度不超过 4 个汉字),手机号(0~9,长度为 11 位的数字),通信地址(长度不超过 100 个汉字),单击"保存"按钮后,系统在弹出对话框提示"客户新增成功!"之后,客户信息列表一栏上会正确呈现该客户的姓名、手机号与通信地址的信息。

针对该系统的"新增用户"功能,按照表 2.13 所示的软件测试用例模板,表 2.14 为所设计出的一个规范的、能够反映该功能正常操作流程的测试用例。

表 2.14　某商业管理系统"新增用户"功能测试用例

用例编号	SYGL—00008
测试项	新增客户功能
测试标题	验证新增一个客户信息(包含用户名称、手机号、通讯地址)时的系统处理情况
用例属性	功能测试
重要级别	中
预置条件	登录用户具有用户管理权限
测试输入	客户姓名:王甜甜;手机号:13900000000;通信地址:合肥市包河区 15 号 10087 信箱
操作步骤	① 单击"新增客户"按钮 ② 输入相应测试数据 ③ 单击"保存"按钮
预期结果	系统弹出对话框提示"客户新增成功!",确定该信息后,客户信息列表自动刷新,并正确列出该客户的姓名及电话信息
实际结果	通过(Y)
备注	无

2.3.4　测试用例的评审

与软件需求评审一样,设计完毕的软件测试用例也需要评审,发现测试用例中是否存在问题(如设计思路不清晰、操作流程前后矛盾、某些测试场景遗漏等),及时改正,以达到测试覆盖率的目的。

对于一些普通的中小规模应用软件,很多软件企业还是把测试用例的评审安排在企业内部的测试会议上完成(如果条件允许,也可以适当邀请用户代表参与)。在宏观方面,测试团队成员一起分析测试用例的设计思路是否符合业务逻辑、是否可以和系统模块设计(架构)等建立起完全的映射关系等。在细节上,主要还是由测试负责人检查测试用例的书写(编写)规范性方面的问题,例如是否按照公司规定的测试用例模板要求来编写、测试用例中的每项构成要素是否都描述清晰、是否存在测试需求(项)的遗漏、每一个测试用例的期望结果是否具有确定性与唯一性等。

当然,也有的软件测试企业会有针对性地制定出相应的测试用例检查单或规范性检查表,开展对测试用例的评审工作。例如,图 2.8 即为某软件企业测试部门使用的一个测试用例检查单模板,这里列出供读者学习与参考。

系统测试用例检查单			
说明: (1) 本检查单用于检查项目组相关活动的执行情况, 指导项目组如何提高流程执行的符合度和规范性。 (2) 检查结论包括3种: 是:满足检查项要求(YES)　否:不满足检查项要求(NO)　免:该检查项对本项目不适用(NA)。 (3)如果结论为否或免,需填写结论补充说明			
项目名称			
作者			
检查日期			
检查人员			
检查项状态标记	Yes-满足要求　No-不满足要求　NA-检查项不适用该项目		
序号	主要检查项	状态	说明
1	测试用例是否按照规定的模板进行编写(编号、标题、优先级等等)		
2	测试用例的测试对象(测试需求)是否清晰明确		
3	测试用例是否覆盖了所有的测试需求点		
4	测试用例本身的描述是否清晰(包括输入、预置条件、步骤描述、期望结果)		
5	测试用例执行环境是否定义明确且适当(测试环境、数据、用户权限等)		
6	测试用例是否包含了正面、反面的用例		
7	测试用例是否具有可执行性		
8	测试用例是否根据需要包含了对后台数据的检查		
9	是否从用户使用系统的场景角度设计测试用例		
10	测试用例是否冗余		
11	自动化测试脚本是否带有注释		

图 2.8　某测试用例检查单模板

现在很多资深软件测试负责人认为,对测试用例的评审中还需要额外关注以下 4 个方面内容,作为判断测试用例质量的标准。

① 测试用例的前提条件是否正确。

② 被测软件的每一个功能点是否都设计出了正常流程的测试用例以及足够多的异常流程的测试用例。

③ 某个测试用例中的测试输入数据,除了包含常规(典型)值之外,是否还涵盖了一些特殊数值(如输入范围的边界值、最大值、最小值、无效值、空值、缺省值等)。

④ 对于某个测试用例中存在多个输入条件(或数据)的情况,预期结果中是否考虑到其相应输入条件(或数据)之间的不同顺序组合情况。

当然,这 4 个方面也正是软件测试人员在设计及书写测试用例时需要重点注意的地方。

2.4 测试用例的维护

通常,针对一个被测软件,往往需要设计多个测试用例,所以还要考虑如何有效地组织、管理及维护这些测试用例,方便测试人员开展测试工作。在软件开发过程中,用户需求经常发生变化,软件功能也随之变更,所以事先设计好的测试用例也要进行相应的变更工作。例如,针对软件的新增功能,需要设计新的测试用例;针对软件原有功能的变更,还需要修改已有测试用例等。在实际工作中,对软件测试用例的新增、修改、删除等相关维护工作量往往比较大,因此很多软件企业会根据测试用例的特性及测试应用情况进行分类(例如,这些测试用例是针对软件哪一个功能模块,或是面向软件的哪个特性方面进行测试的)来设置相应的"测试套件",有效管理与维护测试用例,提升测试效率。

1. 测试套件简介

测试套件也称为测试集、测试用例集合,即把服务于同一个测试目的(例如某一个功能模块、某一个特定阶段性测试目标等)或某一运行环境下的一系列测试用例有机地组合起来,构成一个集合,以满足测试执行的特定要求。

创建测试套件可以方便测试用例的跟踪、分配和管理。通常采用以下两种方式把多个测试用例组织成相应的测试套件。

(1) 按照软件的功能模块。

按照软件的功能模块划分,把属于不同模块的测试用例组织到一起,形成相应的测试套件,如图 2.9 所示。

注:在当前的软件版本中,如果部分功能模块发生了变化,还需要重新创建由这些改动模块的测试用例所构成的测试套件。

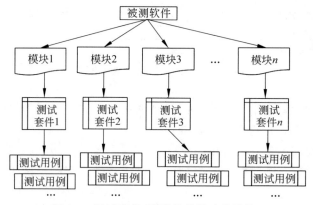

图 2.9 测试套件(按照软件的功能模块)

(2) 按照软件的测试方面。

按照测试用例面向的软件测试方面(如软件的功能测试、性能测试、兼容性测试、安全性测试等)进行组织分类。也就是说,把属于面向软件同一个测试方面的测试用例组织起来,形成每个阶段或每个测试目标所需要的测试套件,如图 2.10 所示。

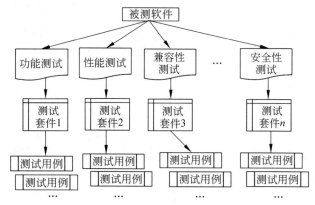

图 2.10　测试套件(按照软件的测试方面)

当然,还可以采用其他方式组织测试套件,如按照软件测试项的优先级、不同类别的用户使用权限以及以上方式相混合等。

2. 测试用例的维护

随着软件开发的不断推进以及软件产品版本的不断升级,软件测试用例也需要得到及时维护(例如新增与删除测试用例、对原有测试用例的修改、对测试用例的结构进行调整等),必须确保每一个测试用例都是有效的。用户有新增需求,则需要增加新的测试用例;若新增需求影响了原有用户场景的变更,还需要对受到影响的测试用例进行调整(如对测试用例的结构内容进行调整、把原有的测试用例重构成新的用例等)。现在很多软件测试机构把对测试用例的维护措施主要分为如表 2.15 所示的几种情况。

表 2.15　软件测试用例的维护措施

情 况 说 明	维 护 措 施
完全增加新的模块	需要针对新增的模块设计新的测试用例
原有模块取消	一般在针对这些原有模块的测试用例的"备注"栏上标注"无效"的标识,以示区分(注:千万不能把这些原有的测试用例直接删除,因为这些"作废"的测试用例对软件之前版本功能仍然是有效的。从软件测试分析的角度,若直接删除,将不利于今后对测试用例的分析、管理与复用)
软件原有的某一模块的功能增强(不是新增模块)	在这种情况下,软件原有模块的测试用例对于该模块之前的功能仍然是有效的,这些测试用例不能修改。只是要针对原有模块的新增功能设计出相应新的测试用例(且新测试用例的内容不可影响该模块原有的测试用例)
软件模块及其对应功能未变,只是对其测试所发现的缺陷中,遗漏了事先针对某些缺陷的测试用例	仅针对遗漏的缺陷来完善相应的测试用例(增加新的用例、修改原有的用例均可以)

最后需要说明的是,测试用例的维护是一项"坚持不懈"的工作。如果某一测试人员长期致力于软件某个(类)功能模块的测试工作,日积月累下来,其在软件产品该方面的特性理解以及测试经验与测试用例设计等业务能力方面会有较大的提升。

2.5 测试用例的复用

测试用例复用,就是对一个已执行的测试用例,将其不同程度地应用于该软件新的测试中或其他软件的测试过程中。在现代软件工程中,随着软件新版本的不断发布,往往软件的构成模块会按照用户需求的变化不断变更。从软件测试效率的角度看,测试用例需要反复更新,而不是一成不变的。一个阶段的测试过程结束后,或多或少会发现一些测试用例编写得不够合理或缺少覆盖一些应用场景的测试用例。而且,当下一个版本在测试中使用前一个版本的测试用例时,部分功能可能发生了改变,这时也需要修改那些受到功能变化影响的测试用例,使之具有良好的延续性。所以,当前很多软件测试机构要求设计(编写)的测试用例具有很强的可复用性,以将其不同程度地应用于该软件新的测试中或其他软件的测试中,便于缩短测试用例设计周期,提高测试效率。

测试用例复用是软件测试发展的一个新趋势,近年来已引起 IT 行业的高度重视。测试用例复用的本质是对知识的复用,即包括对知识获取、提炼、整理、存储、加权、评价、分享、发布和再获取的循环过程。依照知识复用的过程,测试用例复用也是这些过程的循环往复。因而,构建一个可复用的测试用例库,核心问题是测试用例的设计(生成)、管理和复用,这是一个规模较大的工程体系。如何设计出复用性强的测试用例,并充分运用于良好的测试用例复用过程,目前已成为国内很多软件测试机构及学术界的研究热点。

这里仅从知识普及的角度,简单地介绍可复用测试用例的设计及应用情况。更多的内容,建议读者阅读一些相关的文献资料,做进一步的深入学习与研究。

1. 可复用测试用例的设计特征

除了具有前面介绍的普通测试用例的特点之外,可复用测试用例应具有以下特性:通用性、有效性、独立性、标准化和完整性。它们对可复用测试用例而言是充分的,也是必要的。这些特性可作为评判一个测试用例是否具有可复用性的准则。

(1)通用性。

通用性是指可复用测试用例并不局限于针对具体的某一个测试项(内容)的应用,不过分依赖于被测软件的具体需求、设计和环境,而是能够在某一类型、某一领域的相似软件的测试中广泛使用。

(2)有效性。

测试用例的目标是发现软件中存在的缺陷。因此,可复用测试用例也必须是能够发现软件缺陷的,并且是可靠的和高效的。

(3)独立性。

可复用测试用例的独立性,是指对于任意两个测试用例 C1 与 C2,两个用例所依赖的测试环境以及针对的测试目标应尽量独立、单一,并且每个测试用例能够独立运行。

如果多个测试用例之间存在着相互联系,或测试用例的运行环境取决于其他测试用例的执行状态,那么,若其中的测试用例不能复用时,与之相关的测试用例的可复用性也不复存在。所以,如何将不同的测试用例之间的关联性降至最低,是设计可复用测试用例必须解决的问题。

（4）标准化。

测试用例通常用自然语言来描述,充分体现了测试人员的创造性和个人风格。但对于可复用测试用例,太多的个人风格不利于其他测试人员对测试用例的理解,必然影响其复用。因此,可复用测试用例的标准化程度也反映了其易理解和被复用的能力。为此,可复用测试用例应遵循统一或规范的格式或结构(不包含过多的具体实现细节)以及规范的命名规则,使用计算机标准化术语,用简明、易懂、无歧义的语言来描述,并且附有详细的文档。

（5）完整性。

与普通测试用例一样,每一个可复用测试用例应包括测试用例全部应有的要素,不能有缺失,并且每个要素的描述是充分的。

2. 设计可复用测试用例的过程

目前,设计出可复用测试用例的过程有很多,这里仅列出一种最常见、较容易理解的设计过程,如图 2.11 所示。该设计过程中包含的各项实施活动有被测软件的共性/领域分析、测试策略分析、设计测试用例、测试用例评审、测试用例执行和修改、测试用例入库共 6 个步骤。每项实施活动的具体内容就不详细展开了。

3. 测试用例复用流程简介

现在国内很多软件企业采用图 2.12 所示的测试用例复用流程,对所设计的(可复用的)测试用例进行复用与管理。该流程中的主要活动如下。

（1）测试需求分析和共性分析。

测试人员一方面要根据被测试软件需求分析、设计说明等文档或软件代码梳理出被测软件的测试需求,另一方面要针对被测软件所属领域及软件类型进行面向复用的共性分析。

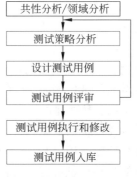

图 2.11　可复用测试用例
设计过程

（2）定义测试策略。

测试人员根据测试目标和上一步的结果定义测试策略,包括测试方法、测试类型、测试环境等内容。

（3）确定测试用例。

测试人员根据测试需求和共性分析结果及所定义的测试策略,确定所需要的测试用例。这里确定的测试用例只是定义出一个测试用例名称及其测试目的。

（4）查询可复用测试用例。

测试人员用多字段检索功能,从可复用测试用例库中查找满足要求的测试用例。对

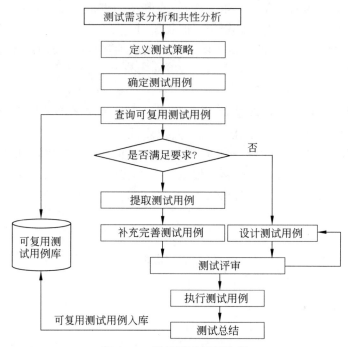

图 2.12　测试用例复用流程

测试用例的查询是不确定的,查询结果通常是一个相似的测试用例集合。如果可以找到,则提取测试用例,并对其进行分析,确定出最合适的测试用例;如果没有,则设计新的测试用例。找到的测试用例,往往因其通用性并不能完全满足测试需求,要对其补充完善。设计新的测试用例时,要考虑到上节的设计测试用例要求。

（5）测试评审。

在传统测试用例评审的基础上,本复用流程中的"测试评审"活动还包括对新设计的可复用测试用例是否满足要求的审查;对复用的测试用例是否补充完善的审查;所有测试用例是否满足被测软件的测试需求的审查。

（6）执行测试用例。

测试人员将设计的测试用例逐用例逐步骤地执行。在执行过程中,认真观察并翔实地记录测试过程、测试结果和发现的错误,形成测试记录。如果在执行过程中发现测试用例有不正确和不完善之处,则予以完善;如果测试用例不充分,则补充。

（7）测试总结。

测试人员对所有测试结果进行分析总结,将通过测试执行验证的可复用测试用例放入可复用测试用例库中,以便后续复用。

其主要优点体现在以下方面:

① 对已有的可复用的测试用例进行了复用,避免了大量重复性工作,提高了测试质量和效率。

② 考虑了面向可复用的测试用例设计,避免再次产生大量的不可复用的测试用例。

实际上,近年来软件测试行业及学术界提出过很多测试用例复用流程,但相对而言,

图 2.12 所示的测试用例复用流程比较直观,易于理解,能够较好地应用于各类测试用例实际及复用实践中,已被国内大多数软件企业采用①②③。

2.6　思考与习题

1. 什么是软件的测试需求?
2. 请简述软件测试需求的获取过程。
3. 软件测试需求的评审内容主要有哪些?
4. 制定软件测试计划的目的是什么?
5. 软件测试计划的内容主要有哪些?
6. 什么是软件测试用例? 其重要性主要体现在哪些方面?
7. 软件测试用例的构成要素主要有哪些?
8. 谈一谈规范化软件测试用例的书写要求有哪些。
9. 假设某 Web 系统的"修改用户密码"页面如图 2.13 所示,用户正确的操作流程描述如下:

图 2.13　修改用户密码页面

① 用户按要求输入旧密码;
② 用户按要求输入一次新密码;
③ 用户再输入一次新密码(要求两次密码内容完全一样);
④ 用户正确输入随机弹出的验证码(4 位数字);
⑤ 用户单击"保存"按钮。

要求:尝试对"修改用户密码"功能的正常操作流程设计出一个测试用例(功能实现成功);并任选该功能的一个异常操作流程,也设计出一个测试用例(功能实现失败)。

注:所采用的测试用例模板不限。

---

① 尹平. 可复用测试用例研究[J]. 计算机应用,2010(5):1309-1311.
② 余久久. 基于探索性测试思想的可复用测试用例设计过程研究[J]. 计算机技术与发展,2015(9):187-193.
③ 王通. 基于软件需求的测试用例复用研究[D]. 北京:北京化工大学计算机学院,2017.

10. 软件测试用例的评审内容主要有哪些？

11. 什么是软件测试套件？

12. 对软件测试用例的维护措施通常分为哪几种情况？

13. 可复用测试用例的设计特征主要有哪些？

14. 请用自己的语言简述测试用例的复用流程。

第 3 章

黑 盒 测 试

CHAPTER

本章学习目标

- 认识与理解软件黑盒测试的概念、主要特点与应用策略
- 学习与掌握运用等价类划分方法设计测试用例
- 学习与掌握运用边界值分析方法设计测试用例
- 学习与掌握运用决策表方法设计测试用例
- 学习与掌握运用因果图方法设计测试用例

软件的黑盒测试方法即把被测对象(程序、模块)比作一个看不见内部结构特征的黑盒子,在完全不考虑被测对象内部结构或内部特征的情况下,检测程序是否能适当地接收输入数据而产生正确的输出信息。这就好比一个人使用照相机拍照,他不需要知道照相机内部的复杂工作方式,只是通过拍出来的照片情况判断照相机的拍照功能是否能实现。可见,黑盒测试着眼于对程序的输出结果进行验证,不考虑程序内部的逻辑结构及实现细节。

假设有图 3.1 所示的空纸杯,需要对它进行测试,应该如何开展? 首先,需要确认用户用纸杯主要做什么事情。打个比方,纸杯是用于饮水,还是用于浇花,还是仅用于书桌台面装饰? 如果用户对纸杯的主要需求是饮水,需要测试的结果是纸杯在装水时是否漏水,冷、热水是否都能装,能否装其他饮料(如可乐、果汁、奶茶)等。当然,如果用户只是把纸杯作为装饰物,用于对书桌的台面装饰,实际上只需要测试这个空纸杯能否平稳地放在桌面上,纸杯的花纹颜色能否被用户所接受等。由此可见,对空纸杯的测试的结果完全取决于用户实际需求。所以说,黑盒测试主要对软件产品的各项功能进行验证,用于检测产品的功能是否能达到用户要求,或者说验证软件的某个功能点是否与用户需求规格说明书上所描述的一致。

黑盒测试相对简单,测试人员完全不用考虑程序的内部结构和内部特性,只是检查程序能否正常接收输入数据,并产生正确的输出信息,程序功能是否能按照用户需求规格说明书的规定正常实现。黑盒测试是从客户

图 3.1　空纸杯

需求出发的测试,基于数据驱动,主要测试软件的功能是否正确(符合用户需求),所以又称软件用户级别的正确性测试。黑盒测试如图 3.2 所示。

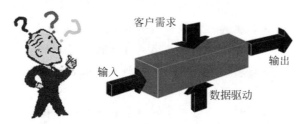

图 3.2　黑盒测试图

黑盒测试主要可以发现以下问题:

① 软件所实现的功能是否完全符合用户需求? 是否有被遗漏的(未能实现出的)功能?

② 软件是否忽略了用户的一些隐性需求?

③ 软件的接口或界面是否有错误?

④ 软件能否接收用户输入的任何数据(无论是合法的还是非法的)? 能否输出正确的结果? 是否会出现用户不能接受的结果?

⑤ 软件是否有数据结构方面的错误? 或存在外部信息(如数据文件等)访问错误?

⑥ 软件是否存在功能初始化或异常中止方面的错误?

⑦ 软件的性能、易用性、可靠性以及其他方面的特性是否能够满足用户需求规格说明书上所明确规定的要求?

需要注意的是,使用黑盒测试方法发现软件中的缺陷,必须要在各种可能的输入条件下确定测试数据,来检查程序是否都能产生正确的输出。也就是说,不仅要测试程序在接收合法数据后的输出结果,即测试合理的使用场景,也要对一些不合法的、但是却允许存在或可能被用户输入的非法(错误)数据进行测试,即测试不合理的使用场景。对于测试人员,不能只考虑软件接收了合法数据产生的结果是否符合用户需求,更要考虑软件接收了一些非法的、异常的数据后产生的结果是否与用户所期望的相一致。所以,测试人员在验证完软件的正常功能能否正确实现之后,通常还会进行大量的"破坏性"测试,即选取各类"异常的"数据来"破坏"与"搞垮"软件,观测测试结果,以发现软件中更多的一些隐藏性缺陷。

因为无法做到穷举测试,运用黑盒测试方法设计出的测试用例需要覆盖尽可能多的场景,包括合理的场景与不合理的场景。所以,设计出的测试用例集务必遵循以下两个标准:

① 验证合理的测试场景,所需要设计出的测试用例数目越少越好。

② 验证不合理的场景,所设计出的测试用例能够反映(体现)出当前软件存在哪一种类型的缺陷,而不是仅仅指出与特定测试有关的缺陷是否存在。

黑盒测试的结果只能有两种,即测试通过与测试失败。当然,无论是测试通过还是测试失败,既不能凭借测试人员的主观臆断,也不能由某些日常的生活常识所决定,而是完全取决于用户需求,因为黑盒测试是基于用户的观点,不考虑程序的内部结构,仅仅从输入数据与输出数据的对应关系出发进行测试的。当然,如果用户需求规格说明书上对软件某个功能点的实现要求(规定)描述或定义本身就有误,黑盒测试方法也是发现不了的。

黑盒测试的主要方法有等价类划分方法、边界值分析方法、因果图方法、决策表方法、错误猜测方法等,每种方法各有长处。在实际测试中,综合应用这些方法往往会得到更好的测试效果。

3.1　等价类划分

等价类即指某个输入域的子集合,每一个子集合中的各个输入数据对于测试程序中的错误都是等效的。也就是说,每一个子集合中的代表性数据在测试中的作用等价于该子集合中的其他数据,是测试相同目标或找出(暴露)同一类别软件缺陷的一组测试用例。使用等价类划分方法进行测试时,首先需要在需求规格说明书的基础上把输入域划分成不同的部分(集合),即形成不同的等价类,不同等价类之间不允许有数据交集,再根据等价类设计出测试用例。

3.1.1　划分等价类

划分等价类时,首先需要依据软件(程序)的功能规格说明(需求),结合测试输入条件,从逻辑上将所有可能的输入数据划分为若干部分,即数据输入域,不同的输入域之间不允许有数据交集。然后从每一个数据输入域中选取少数有代表性的数据作为测试输入数据,设计相应的测试用例。使用等价类划分方法设计测试用例需要经历两个步骤:一是通过列出等价类划分表的形式划分出等价类,如表 3.1 所示。二是根据每一个等价类选取有代表性的测试输入数据来设计测试用例。再次强调,同一个等价类中的不同(输入)数据对于发现(揭露)程序中的某一类别错误都是等效的。选取一个等价类中的某个代表性数值进行测试,与选择该等价类中的其他数值是完全等同的。

因此,根据测试输入条件划分相应的等价类需要一种系统化的方法。每个等价类代表了一组可能的测试输入集合。测试人员不用为每个等价类中的每一个数据元素设计一个测试用例,而是根据等价类的属性选择一个有代表性的数据元素测试用例即可。所以,划分等价类时需要严谨,必须确保每一个等价类中的所有元素所产生的测试效果都一样或类似。划分等价类时,分为有效等价类与无效等价类两种类别。

表 3.1　等价类划分表

等价类名称	有效等价类	无效等价类
输入等价类 1	……	……
输入等价类 2	……	……
输入等价类 3	……	……
……	……	……

1. 有效等价类

有效等价类即指输入的数据是合理的、有效的、有意义的,是满足程序输入要求的数据所构成的集合,利用这些数据主要可以验证程序是否实现了其需求规格说明书中所要求满足的功能。在实际问题中,有效等价类的个数往往不止 1 个。例如,某程序的输入条件为大于 150 而小于 200 的整数 x,则有效等价类为 $150 < x < 200$。再例如,要求输入字符串的首字符 x 是英文字母,则有效等价类分别为①首字符 $= \{x \mid x$ 为大写英文字母$\}$;②首字符 $= \{x \mid x$ 为小写英文字母$\}$。

2. 无效等价类

无效等价类与有效等价类相反,即由不合理的、无效的、无意义的、不满足程序输入要求的等一系列"错误"数据所组成的集合,通常是有效等价类的"反面"。利用无效等价类可以检查软件(程序)功能的实现是否有不符合用户需求规格说明的地方。实际上,利用无效等价类中的数据元素可以检验程序是否具有较好的容错性或较高的可靠性。对于具体问题,一般是通过先确定有效等价类后再划分无效等价类。同样,无效等价类至少要有 1 个,但通常会有多个。例如,上述问题(某程序的输入条件为:大于 150 而小于 200 的整数 x)的无效等价类就有 2 个,分别为① $x \leqslant 150$;② $x \geqslant 200$。当然,上述问题(要求输入字符串的首字符 x 是英文字母)的无效等价类可以为:首字符 $= \{x \mid x$ 为非英文字母$\}$。

3. 等价类划分的原则

前面已经提到,等价类划分的原则是不考虑程序内部结构的,只依据用户程序的规格说明来划分。常见的一些等价类划分原则主要有:

① 按输入数值的分布区间划分。如果规定了输入条件的取值范围(无论是连续的还是离散的),则有效等价类是符合输入条件的取值范围,无效等价类是不符合输入条件的取值范围。这种按照数值的分布区间来划分等价类的方法相对简单。

例如,某参数的输入范围是 100~300。

有效等价类为{100≤参数≤300}。

无效等价类为{参数<100};{参数>300}。

再例如,某参数的输入范围是 100~200、300~400、600~850。

有效等价类为{100≤参数≤200}、{300≤参数≤400}、{600≤参数≤850}。

无效等价类为{参数<100}、{200<参数<300}、{400<参数<600}、{参数>850}。

② 按具体的输入数值划分。如果规定了一组输入数据,且程序要对每一个输入值分别进行处理,则必须为每一个输入值确立一个有效等价类,而采用综合描述的形式,针对这组值的"否定"来确立一个无效等价类,即它是所有不允许输入值的集合。

例如,某字符的允许输入值是 A、D、T、S、￥。

有效等价类为{A}、{D}、{T}、{S}、{￥}。

无效等价类为{除 A、D、T、S、￥以外的其他字符}。

③ 按输入数值的集合划分。如果输入条件规定了输入值的集合,或输入条件规定了"必须如何"的情况,则可确定一个有效等价类和一个无效等价类(输入值集合有效值之外)。

例如,发票抬头必须写个人姓名。

有效等价类为{个人姓名}。

无效等价类为{企业名称、事业单位名称、……}。

④ 按输入符号的限制条件或限制规则划分。如果规格说明规定了输入数据必须遵守的规则或限制条件,则可以确立一个有效等价类(输入符号规则)和若干个无效等价类(从不同角度违反输入符号规则)。

例如,某系统对用户 ID 的输入要求为 6 位数字。

有效等价类为{任意 6 位数字}。

无效等价类为{数字长度多于 6 位}、{数字长度少于 6 位}(从 ID 长度的角度违反输入符号规则)。

{6 位全部是其他字符}、{6 位数字中含有 1 到 5 个其他字符}(从 ID 内容的角度违反输入符号规则)。

{小于 6 位的其他字符}、{大于 6 位的其他字符}(同时从 ID 长度与内容的角度违反输入符号规则)。

可见,按输入符号的限制条件(规则)划分等价类的情景较为复杂,但是对无效等价类的划分不是唯一的。需要测试人员能从实际出发,充分理解输入数据的限制条件(规则),尽量从输入逻辑上把无效等价类进一步细化成更小的无效等价类。例如,在本例中,可以把无效等价类{6 位数字中含有 1 到 5 个其他字符}进一步细化为 5 个更小的无效等价类,即{6 位数字中含有 1 个其他字符}、{6 位数字中含有 2 个其他字符}、{6 位数字中含有 3 个其他字符}、{6 位数字中含有 4 个其他字符}、{6 位数字中含有 5 个其他字符}。

以上等价类划分的原则只是在测试时可能遇到的一些常见情况,而实际的测试情况往往千变万化,尤其是不能完全列出所有的无效等价类。测试人员需要从用户的角度正确分析被测程序的功能,也要不断积累测试经验,还要从数据输出的角度充分考虑被测程序的检错功能。

一些高级软件测试书籍中还提到了等价类划分形式的问题,如标准等价类划分形式、健壮等价类划分形式等,感兴趣的读者可以查阅有关书籍。

4. 运用等价类划分方法设计测试用例

首先,确立了测试问题的等价类之后,把针对测试对象的数目众多的各种输入数据(包括有效的和无效的)划分为若干有效等价类与无效等价类,建立相应的等价类表,如表3.1所示,列出所划分等价类的名称。

接下来,在所建立的等价类表的基础上,按照以下步骤设计测试用例。

① 为每一个等价类的名称进行唯一编号。

② 设计一个新的测试用例,要求尽可能多地覆盖尚未被覆盖的有效等价类。重复这一步,直到测试用例覆盖了所有的有效等价类。

③ 设计一个新的测试用例,要求使其仅覆盖一个尚未被覆盖的无效等价类。重复这一步,直至测试用例覆盖了所有的无效等价类。

④ 对于每一个测试用例,设计出对输入数据的预期结果。

3.1.2 运用等价类划分方法设计测试用例举例

1. 报表日期

某商业管理系统的报表要求用户输入年份与月份的数据值来显示当前日期。假设合法的日期限定在2010年1月至2020年12月之间,并规定日期数据值由6位数字组成。其中前4位表示年份,后2位表示月份(如输入201905表示2019年5月份)。要求使用等价类划分法设计测试用例,测试该报表的日期判定功能。

测试用例设计过程如下。

① 按照日期的类型与长度、年份范围、月份范围设计有效的与无效的等价类,并编号,如表3.2所示。

表 3.2   日期判定的等价类划分表

输入等价类	有效等价类	无效等价类
日期类型与长度	6 位数字 ①	日期中含有非数字的字符 ④ 多于 6 位数字 ⑤ 少于 6 位数字 ⑥
年份范围	年份在 2010 至 2020 之间 ②	大于 2020 ⑦ 小于 2010 ⑧
月份范围	月份在 01 至 12 之间 ③	大于 12 ⑨ 小于 01 ⑩

② 设计具体的输入数据,覆盖有效等价类,如表3.3所示。

表 3.3   覆盖有效等价类的测试数据表

输入数据	预期结果	覆盖的有效等价类(编号)
201905	显示正确	①②③

③ 设计具体的输入数据,覆盖无效等价类,如表 3.4 所示。

表 3.4　覆盖无效等价类的测试数据表

输入数据	预期结果	覆盖的无效等价类(编号)
20ad05	显示错误	④
2018051	显示错误	⑤
20131	显示错误	⑥
2025	显示错误	⑦
2008	显示错误	⑧
14	显示错误	⑨
00	显示错误	⑩

2. 三角形形状判定

三角形形状判定问题是软件黑盒测试中关于等价类划分的一个经典案例。假设任意输入三个整数 a($1 \leqslant a \leqslant 50$)、b($1 \leqslant a \leqslant 50$) 和 c($1 \leqslant a \leqslant 50$),分别作为一个三角形的三条边,程序判断由这三条边所构成的三角形类型是等边三角形(三边均相等)、等腰三角形(只要任意两边相等)、一般三角形或非三角形(不能构成一个三角形)。

注:在几何上,一个等边三角形亦可看作等腰三角形,但从等价类划分的角度看,本案例把等边三角形与等腰三角形看作是两种不同类别的三角形。此外,为了方便初学者理解,本案例中也不考虑直角三角形的情况。

分析:三个整数 a、b 和 c 分别作为一个三角形的三条边,根据几何中三角形的构成规则("任意两边之和大于第三边"或者"任意两边之差小于第三边")以及本案例中对三条边的长度限定,要求 a、b 和 c 必须满足以下基本条件:

条件 1:a($1 \leqslant a \leqslant 50$)。

条件 2:b($1 \leqslant b \leqslant 50$)。

条件 3:c($1 \leqslant c \leqslant 50$)。

条件 4:$a+b>c$。

条件 5:$a+c>b$。

条件 6:$b+c>a$。

输出则只会产生下列 4 种情况之一(4 种情况相互排斥):

① 输出为"非三角形"(条件 4、条件 5、条件 6 只要有一个不满足)。

② 输出为"等边三角形"(以上 6 个条件同时满足的基础上,且 $a=b=c$)。

③ 输出为"等腰三角形"(以上 6 个条件同时满足的基础上,必须再满足 $a=b$、$a=c$、$b=c$ 中的任意一个)。

④ 输出为"一般三角形"(以上 6 个条件同时满足的基础上,且 $a \neq b \neq c$)。

也就是说,无论产生以上哪一种结果,其数据的输入都是合法的,是符合题目要求的,均可归结为数据输入的有效等价类范畴,这一点请初学者务必注意。根据上述情况,按照三角形 a、b、c 三边的长度要求,设计有效等价类并编号,如表 3.5 所示。

表 3.5   三角形三边判定有效等价类划分表

	输入条件(a,b,c)	输出结果	编号
有效等价类	输入 3 个正整数,均在 1~50,且 a=b=c	等边三角形	①
	输入 3 个正整数,均在 1~50,且满足 a=b、a=c、b=c 中的任意一个	等腰三角形	②
	输入 3 个正整数,均在 1~50,同时满足 a+b>c、a+c>b、b+c>a(任意两边之和都大于第三边),且 a≠b≠c	一般三角形	③
	输入 3 个正整数,均在 1~50,不满足任意两边之和都大于第三边	非三角形	④

(1) 设计具体的输入数据,覆盖有效等价类,如表 3.6 所示。

表 3.6   覆盖有效等价类的测试数据表

测试用例	输入数据			预 期 结 果	覆盖的有效等价类
	a	b	c		
Test Case1	10	10	10	等边三角形	①
Test Case2	10	10	5	等腰三角形	②
Test Case3	4	3	5	一般三角形	③
Test Case4	10	11	22	非三角形	④

(2) 按照三角形 a、b、c 三边的长度要求设计无效等价类并编号,如表 3.7 所示。

表 3.7   三角形三边判定无效等价类划分表

	输入条件(a,b,c)	输出结果	编号
无效等价类	1≤a, b, c≤50,且其中一边为小数	输入非法	⑤
	1≤a, b, c≤50,且其中二边为小数	输入非法	⑥
	1≤a, b, c≤50,且其中三边为小数	输入非法	⑦
	其中一边小于 1	输入非法	⑧
	其中两边小于 1	输入非法	⑨
	其中三边小于 1	输入非法	⑩
	其中一边大于 50	输入非法	⑪
	其中两边大于 50	输入非法	⑫
	其中三边大于 50	输入非法	⑬
	只输入 1 个数	输入非法	⑭
	只输入 2 个数	输入非法	⑮
	输入 3 个以上的数	输入非法	⑯
	输入非数值型的数据	输入非法	⑰

（3）设计具体的输入数据，覆盖无效等价类，如表 3.8 所示。

表 3.8　覆盖无效等价类的测试数据表

测试用例	输入数据			预 期 结 果	覆盖的无效等价类
	a	b	c		
Test Case5	9.5	9	9	输入非法	⑤
Test Case6	9.5	9.5	10	输入非法	⑥
Test Case7	9.5	9.5	9.5	输入非法	⑦
Test Case8	2	2	0	输入非法	⑧
Test Case9	2	0	0	输入非法	⑨
Test Case10	0	0	0	输入非法	⑩
Test Case11	55	47	47	输入非法	⑪
Test Case12	55	54	46	输入非法	⑫
Test Case13	55	55	55	输入非法	⑬
Test Case14	10			输入非法	⑭
Test Case15	8	8		输入非法	⑮
Test Case16	9	9	9,9	输入非法	⑯
Test Case17	10	10	x	输入非法	⑰

3. 电话号码

假设某地区电话号码由三部分组成，分别是：

① 区号：3 位数字或空白。

② 前缀号码：非 0 或 1 开头的任意 4 位数字。

③ 后缀号码：0～9 中的任意 4 位数字。

被测试程序能接受符合上述要求的任意号码，拒绝任何不符合上述要求的号码。请使用等价类划分方法设计测试用例。

分析：一个完整的电话号码由三部分组成，每一部分需要遵循相应的规则。例如，符合要求的电话号码可以是：63837569(无区号)、02157891264(带区号)。

所以，利用相应的规则划分的三个有效等价类，如表 3.9 所示。

表 3.9　电话号码判定有效等价类划分表

		输 入 条 件	输出	编号
有效等价类	区号	3 位数字	正常	①
		空白	正常	②
	前缀号码	非 0 或 1 开头的任意 4 位数字	正常	③
	后缀号码	0～9 中的任意 4 位数字	正常	④

设计具体的输入数据,覆盖有效等价类,如表 3.10 所示。

表 3.10　电话号码判定有效等价类划分表

测试用例	输入 数 据			预期结果	覆盖的有效等价类
	区号	前缀号码	后缀号码		
Test Case1		6723	3249	号码正确	②③④
Test Case2	021	6542	2358	号码正确	①③④

根据不符合上述要求的电话号码规则划分的无效等价类,如表 3.11 所示。

表 3.11　电话号码判定无效等价类划分表

		输 入 条 件	输出	编号
无效等价类	区号	有非数字字符(前缀号码与后缀号码规则正确)	非法	⑭
		多于 3 位数字(前缀号码与后缀号码规则正确)	非法	⑮
		少于 3 位数字(前缀号码与后缀号码规则正确)	非法	⑤
	前缀号码	有非数字字符(区号与后缀号码规则正确)	非法	⑥
		数字以 0 开头(区号与后缀号码规则正确)	非法	⑦
		数字以 1 开头(区号与后缀号码规则正确)	非法	⑧
		多于 4 位数字(区号与后缀号码规则正确)	非法	⑨
		少于 4 位数字(区号与后缀号码规则正确)	非法	⑩
	后缀号码	有非数字字符(区号与前缀号码规则正确)	非法	⑪
		多于 4 位数字(区号与前缀号码规则正确)	非法	⑫
		少于 4 位数字(区号与前缀号码规则正确)	非法	⑬

设计具体的输入数据,覆盖有效等价类,如表 3.12 所示。

表 3.12　电话号码判定无效等价类划分表

测试用例	输入 数 据			预期结果	覆盖的无效等价类
	区号	前缀号码	后缀号码		
Test Case5	A21	6782	2345	号码非法	⑭
Test Case6	0216	6782	2345	号码非法	⑮
Test Case7	02	6782	2345	号码非法	⑤
Test Case8	021	6a82	2345	号码非法	⑥
Test Case9	021	0782	2345	号码非法	⑦
Test Case10	021	1782	2345	号码非法	⑧
Test Case11	021	67823	2345	号码非法	⑨

续表

测试用例	输入数据			预期结果	覆盖的无效等价类
	区号	前缀号码	后缀号码		
Test Case12	021	678	2345	号码非法	⑩
Test Case13	021	6782	A345	号码非法	⑪
Test Case14	021	6782	23456	号码非法	⑫
Test Case15	021	6782	234	号码非法	⑬

3.2　边界值分析

边界值分析方法主要是从数据的定义域的边界数据进行分析,对于合法与不合法的边界数据进行选取和测试,用来检查用户输入的信息、返回的结果以及中间计算结果是否正确。通常边界值分析方法作为对等价类划分法的补充,其测试用例中对输入数值的选取大都来自等价类的边界值。

长期的测试工作经验告诉我们,大量的错误发生在输入或输出范围的边界上,而不是发生在输入输出范围的内部。因此,针对各种边界情况设计测试用例,可以查出更多的错误。

边界值分析方法也是一种有效的黑盒测试方法,可以单独设计测试用例。通常更多的是与等价类划分方法结合使用。

3.2.1　边界值的选取

使用边界值分析方法设计测试用例,首先应该确定等价类的边界情况,即选取的测试数据应该针对程序的边界数值。也就是说,测试数据的选取应该刚好等于、略微大于及略微小于边界值。

从纯数学的角度看,对于按照以输入数值分布区间来划分的等价类而言,测试数据除了选取处在该等价类中间区域的一个正常值之外,还应该选取 4 个数值,即处于等价类区间边界点上的最小值(合法的)、最大值(合法的)以及"略微大于区间边界点"的数值(非法的)、"略微小于区间边界点"的数值(非法的)。

例如,在 3.1.2 节中案例 1 报表日期等价类划分的测试用例中,可以选择 2009、2010、2020、2021 等合法年份边界附近的输入数据作为年份范围的测试数据,选择 00、01、12、13 等合法月份边界附近的输入数据作为月份范围的测试数据。

以上情况比较简单,但是在很多情况下,软件测试包含的边界值会有数字、字符、位置、大小、速度、方位、尺寸、空间等,那么以上类型的边界值选取思路应该为最大/最小、首位/末位、上/下、最快/最慢、最高/最低、最短/最长、空/满等情况。当然,具体的边界值选取情况还要结合测试程序要求分析。

对于只含有一个输入变量 x($\min \leqslant x \leqslant \max$)的程序,采用边界值分析方法,$x$ 取值情况为：x 取最大值（max）、略微小于最大值（max—）、正常值（normal）、略微大于最小值（min＋）和最小值（min），即 x 分别取 5 个值进行测试，则一共产生 5 个测试用例。而对于一个含有 n 个输入变量的程序，保留其中一个变量，让其余的变量取正常值，被保留的变量依次取最大值（max）、略微小于最大值（max—）、正常值（normal）、略微大于最小值（min＋）和最小值（min），对每一个变量都重复进行。因此，对于一个有 n 个变量的程序，若采用边界值分析方法，会生成 $4n＋1$ 个测试用例，请初学者务必认真思考原因。

边界值的获取及生成测试用例的步骤如下：

① 使用一元划分方法划分输入域。此时，有多少个输入变量就形成多少种划分。

② 为每种划分确定边界，也可利用输入变量之间的特定关系确定边界。

③ 设计测试用例，确保每个边界至少出现在一个测试输入数据中。

3.2.2　健壮性测试

健壮性测试是边界值分析方法的一种扩展，即测试输入数据除了选取上面提及的最大值（max）、略微小于最大值（max—）、正常值（normal）、略微大于最小值（min＋）和最小值（min）共 5 种边界值之外，还要考虑选取 2 种超出边界范围的值。即比最小值（min）还要略小一些，比最大值（max）还要略大一些。因此，对于一个含有 n 个输入变量的程序，采用健壮性测试方法设计测试用例，同样保留一个变量，让其余变量取正常值，这个保留的变量依次取 7 个值，即分别为最大值（max）、略微小于最大值（max—）、正常值（normal）、略微大于最小值（min＋）、最小值（min），以及比最小值（min）还要略小一点的值 min—，比最大值（max）还要略大一点的值 max＋，每个变量重复进行，所以健壮性测试方法将产生 $6n＋1$ 个测试用例。

3.2.3　运用边界值分析方法设计测试用例举例

为了方便初学者更好地学习与理解，这里选取的仍然是 3.1.2 节中的案例 2——三角形形状判定问题，只是要求运用边界值分析方法及健壮性测试方法来设计相应的测试用例。

1. 三角形形状判定（边界值分析方法）

假设与 3.1.2 节案例 2 中对三角形 a（1≤a≤50）、b（1≤a≤50）、c（1≤a≤50）三边的长度要求一样，运用边界值分析方法设计测试用例，判断由这三条边所构成的三角形类型是等边三角形（三边均相等）、等腰三角形（只要任意两边相等）、一般三角形或非三角形（不能构成一个三角形）。

分析：

① 运用边界值分析方法，三角形三边的边长将选取其所允许的最大值（max）、略微小于最大值（max—）、正常值（normal）、略微大于最小值（min＋）和最小值（min）共 5 种边界值。因为 a、b、c 三边的取值范围均一样，因此可以对应选取数值 50、49、25、2、1，代表所允许的最大值（max）、略微小于最大值（max—）、正常值（normal）、略微大于最小值（min＋）和最小值（min）来设计相应的测试用例。

② 对于三角形问题,由于有三条边 a、b、c 作为输入变量,即测试输入变量的个数为 3,即产生 13(4×3+1)个测试用例。

所以,运用边界值分析方法设计三角形形状判定问题的测试用例如表 3.13 所示。

表 3.13　边界值分析方法的测试用例表

测试用例	输入数据			预期结果	取 值 说 明
	a	b	c		
Test Case1	25	25	1	等腰三角形	a、b 取正常值(normal),c 取最小值(min)
Test Case2	25	25	2	等腰三角形	a、b 取正常值(normal),c 取略微大于最小值(min+)
Test Case3	25	25	25	等边三角形	a、b、c 均取正常值(normal)
Test Case4	25	25	49	等腰三角形	a、b 取正常值(normal),c 取略微小于最大值(max−)
Test Case5	25	25	50	非三角形	a、b 取正常值(normal),c 取最大值(max)
Test Case6	25	1	25	等腰三角形	a、c 取正常值(normal),b 取最小值(min)
Test Case7	25	2	25	等腰三角形	a、c 取正常值(normal),b 取略微大于最小值(min+)
Test Case8	25	49	25	等腰三角形	a、c 取正常值(normal),b 取略微小于最大值(max−)
Test Case9	25	50	25	非三角形	a、c 取正常值(normal),b 取最大值(max)
Test Case10	1	25	25	等腰三角形	b、c 取正常值(normal),a 取最小值(min)
Test Case11	2	25	25	等腰三角形	b、c 取正常值(normal),a 取略微大于最小值(min+)
Test Case12	49	25	25	等腰三角形	b、c 取正常值(normal),a 取略微小于最大值(max−)
Test Case13	50	25	25	非三角形	b、c 取正常值(normal),a 取最大值(max)

请读者务必认真思考本例中 Test Case5、Test Case9 与 Test Case13 的三种情况。这三个测试用例的预期输出结果应该是"非三角形",即在这三个测试用例中,尽管 a、b、c 三条边的取值无法构成一个三角形,但就 a、b、c 三条边的取值数值而言,却均在其限制的数值范围内。也就是说,a、b、c 三条边的取值都是合法的(只是不能构成一个三角形而已)。

2. 三角形形状判定(健壮性测试方法)

在 3.3.3 小节案例 1 的基础上,运用健壮性测试方法设计三角形形状判定问题的测试用例。

分析:前面已经说过,对于三条边 a、b、c 作为输入变量(测试输入变量的个数为 3),

运用健壮性测试方法即产生 19(6×3+1)个测试用例。在这 19 个测试用例中,有 13 个可以与上面运用边界值分析方法所生成的测试用例等同(本例中不予列出)。多出的 6 个测试用例则是 a、b、c 中的任意两个变量取正常值(这两个正常值可以相同,也可以不同),而另一个变量分别选取比其最小值(min)还要略小一点的值:min−,以及比其最大值(max)还要略大一点的值:max+。根据排列组合,a、b、c 三个变量则总共产生 6 种取值可能性,即再生成 6 个测试用例,分别用编号 Test Case14 至 Test Case19 来表示。表 3.14 为完整的健壮性测试方法的测试用例表。

表 3.14　健壮性测试方法的测试用例表

测试用例	输入数据			预期结果	取值说明
	a	b	c		
Test Case1	25	25	1	等腰三角形	a、b 取正常值(normal),c 取最小值(min)
Test Case2	25	25	2	等腰三角形	a、b 取正常值(normal),c 取略微大于最小值(min+)
Test Case3	25	25	25	等边三角形	a、b、c 均取正常值(normal)
Test Case4	25	25	49	等腰三角形	a、b 取正常值(normal),c 取略微小于最大值(max−)
Test Case5	25	25	50	非三角形	a、b 取正常值(normal),c 取最大值(max)
Test Case6	25	1	25	等腰三角形	a、c 取正常值(normal),b 取最小值(min)
Test Case7	25	2	25	等腰三角形	a、c 取正常值(normal),b 取略微大于最小值(min+)
Test Case8	25	49	25	等腰三角形	a、c 取正常值(normal),b 取略微小于最大值(max−)
Test Case9	25	50	25	非三角形	a、c 取正常值(normal),b 取最大值(max)
Test Case10	1	25	25	等腰三角形	b、c 取正常值(normal),a 取最小值(min)
Test Case11	2	25	25	等腰三角形	b、c 取正常值(normal),a 取略微大于最小值(min+)
Test Case12	49	25	25	等腰三角形	b、c 取正常值(normal),a 取略微小于最大值(max−)
Test Case13	50	25	25	非三角形	b、c 取正常值(normal),a 取最大值(max)
Test Case14	25	25	0.5	输入非法	a、b 取正常值(normal),c 取比其最小值(min)还要略小一点的值:−min
Test Case15	25	25	51	输入非法	a、b 取正常值(normal),c 取比其最大值(max)还要略大一点的值:max+
Test Case16	25	0.5	25	输入非法	a、c 取正常值(normal),b 取比其最小值(min)还要略小一点的值:−min

测试用例	输入数据			预期结果	取 值 说 明
	a	b	c		
Test Case17	25	51	25	输入非法	a、c 取正常值(normal)，b 取比其最大值(max)还要略大一点的值：max＋
Test Case18	0.5	24	25	输入非法	b、c 取正常值(normal)，a 取比其最小值(min)还要略小一点的值：min－
Test Case19	51	23	25	输入非法	b、c 取正常值(normal)，a 取比其最大值(max)还要略大一点的值：max＋

注：在本例的 Test Case18 与 Test Case19 中，b、c 取的都是正常值，但二者数值不相同，这也是可以的。

3.3　决　策　表

前面介绍的等价类划分与边界值分析的黑盒测试方法主要着眼于对具体输入数据（可以是 1 个，也可以是多个）的测试。但是对于很多实际应用程序，除了数据外，还需要验证程序实现的逻辑流程，把复杂的逻辑关系与多种输入条件组合表达得明确、具体，体现出严谨的业务逻辑关系。介绍决策表方法前先举个实例。

假设某电子书籍阅读软件的用户界面在读者阅读电子书期间会提示 3 个问题，要求读者同时对这 3 个问题做"是"与"否"的选择，然后软件界面会根据读者的选择情况弹出相应的建议结果。

问题 1：你现在觉得眼睛疲劳吗？

问题 2：你对书中的内容感兴趣吗？

问题 3：你对所阅读的内容有困惑吗？

结果 1：请继续往后阅读！

结果 2：请返回本章从头阅读！

结果 3：请停止阅读，休息一会儿！

软件功能描述简介：

① 如果读者觉得眼睛疲劳，无论其对书中的内容是否感兴趣，无论对所阅读的内容是否有困惑，软件都需要显示"请停止阅读，休息一会儿！"的结果。

② 在读者觉得眼睛不疲劳的前提下，如果其对书中的内容不感兴趣，无论其对所阅读的内容是否有困惑，软件都显示"请停止阅读，休息一会儿！"的结果。

③ 在读者觉得眼睛不疲劳的前提下，如果对书中的内容感兴趣，但是却对所阅读的内容有困惑，软件显示"请返回本章从头阅读！"的结果；如果对书中的内容感兴趣，并对所阅读的内容也没有困惑，软件则显示"请继续往后阅读！"的结果。

从软件的功能描述并结合常识不难发现，3 个问题之间及 3 个结果之间是存在某些隐性的联系及制约关系的。例如：

如果读者对问题 1 选择"是",即读者已感到视疲劳,不能再进行阅读。也就是说,无论对问题 2 和问题 3 的选择为"是"还是"否",其结果都已经不会再受问题 2 及问题 3 选择的影响。同理,若读者对问题 1 和问题 2 同时选择"否",即读者不觉得眼睛疲劳,并且对书中内容已不感兴趣,尽管从逻辑上来说没有问题,但根据常识得知,此时问题 3 已无再讨论的必要,即无论对所阅读的内容是否有困惑,都不会影响结果(请停止阅读,休息一会儿!)。

同样,问题 1 与结果 1 之间也存在约束关系,即当对问题 1 选择"是",结果 1 的显示结果必须是"否",否则会产生逻辑错误。当然,结果 1 与结果 3 之间也是一种制约关系,即两种结果不能同时显示,否则会产生矛盾(到底是建议读者继续往后阅读?还是停止阅读?)。

最后,结果 2 与结果 3 之间也是相互制约关系,即不允许两个结果同时出现,只允许出现其中一个结果。

综上所述,测试人员需要认真地从软件的功能描述出发,并充分结合认知常识,认真分析问题与问题之间、问题与结果之间以及结果与结果之间存在的正确的、严谨的业务逻辑关系。

在本案例中,每一个问题都有"是"与"否"两种情况供选择输入,那么 3 个问题一共会有 8(2^3)种可能性。同样,可以用"是"与"否"来表示 3 种结果显示与否。为了方便读者理解,表 3.15 给出了这 3 个问题的 8 种输入可能性(情况)及其对应结果,表中的黑色阴影方框表示对"是"或"否"的选择情况没有意义,也不会影响程序的功能。

表 3.15　人机交互功能"问题-结果"表

	选　项	1	2	3	4	5	6	7	8
问题	问题 1:你现在觉得眼睛疲劳吗?	是	是	是	是	否	否	否	否
	问题 2:你对书中的内容感兴趣吗?	■	■	■	■	是	是	否	否
	问题 3:你对所阅读的内容有困惑吗?	■	■	■	■	是	否	■	■
显示结果	结果 1:请继续往后阅读!	否	否	否	否	否	否	否	否
	结果 2:请返回本章从头阅读!	否	否	否	否	是	否	否	否
	结果 3:请停止阅读,休息一会儿!	是	是	是	是	否	否	是	是

实际上,可以在表 3.15 的基础上对不影响输入问题取值的黑色阴影方框部分进行有效合并,即合并为 4 种输入可能性(情况),如表 3.16 所示。这也成为测试人员设计测试用例的依据。

表 3.16　合并后的人机交互功能"问题-结果"表

	选　项	1-4	5	6	7-8
问题	问题 1:你现在觉得眼睛疲劳吗?	是	否	否	否
	问题 2:你对书中的内容感兴趣吗?	■	是	是	否
	问题 3:你对所阅读的内容有困惑吗?	■	是	否	■

续表

选 项		1-4	5	6	7-8
显示 结果	结果1：请继续往后阅读！	否	否	是	否
	结果2：请返回本章从头阅读！	否	是	否	否
	结果3：请停止阅读，休息一会儿！	是	否	否	是

3.3.1 决策表及其组成元素

1. 决策表的概念

决策表又称为判定表，是一种分析和描述多种逻辑条件下执行不同操作情况的测试技术。决策表能够按照各种可能的情况将复杂的问题全部列举出来，以此设计出完整的测试用例集合。在黑盒测试方法中，决策表适合测试多个输入条件（变量）之间存在逻辑关系，以及输入与输出之间存在某种因果关系的应用程序。所以，运用决策表方法可以把复杂的逻辑关系和多种条件组合情况表达明确，避免一些测试遗漏情况。

2. 决策表的组成要素

决策表由条件桩、动作桩、条件项和动作项 4 部分要素以及决策表的规则组成，如图 3.3 所示。

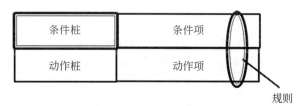

图 3.3 决策表的组成要素

① 条件桩。列出测试问题的所有输入条件。通常，对于多个条件，不同输入条件的排列次序无关紧要。

② 条件项。每一个条件的取值。在决策表中，每一个条件的取值只允许有两种情况，即"是"与"否"。有些测试书籍则用 Y（真值）与 N（假值）表示，或者使用逻辑值 1 与 0 表示。初学者可以把"是"理解成"条件发生"，"否"理解成"条件不发生"。

③ 动作桩。列出测试问题可能产生的操作（输出）结果。同样，对于多个操作结果，对这些操作结果的排列顺序没有约束。

④ 动作项。列出在条件项的各种取值情况下应该采取的动作。与条件项的结果一样，每一个动作的取值也只允许有两种情况，即"是"与"否"。初学者可以把"是"理解成"结果发生（显示）"，"否"理解成"结果不发生（不显示）"。

在决策表中，规则是指任何一组条件组合的特定取值及其要执行的相应操作。在表 3.15 中所贯穿的问题项和结果项的一列就可以看成是一条规则。决策表中列出多少组输入条件取值,就有多少条规则,即条件项的列数。对于很多实际测试问题,规则往往取决于被测程序的用户需求。

注:决策表中如果有两条或多条规则具有完全相同的动作或产生了完全相同的显示结果,并且其条件项之间存在极为相似的关系,则具有相同动作的规则可以进行合并。

3.3.2 决策表的建立步骤

这里再通过一个简单的测试案例详细介绍构造决策表的基本步骤。

假设某检修软件对 A 机器的检修要求如下:如果 A 机器的使用功率大于 100kW,或已经使用了 15 年以上,或中途出现过故障,软件界面显示"需要仔细检修"的建议。当且仅当上述条件都不满足时,软件界面显示允许 A 机器"继续使用"的建议。

(1)列出所有的条件桩和动作桩。

通过对案例的分析,列出相应的条件桩,并予以编号:

C1:功率大于 100kW。

C2:已经使用了 15 年以上。

C3:中途发生过故障。

列出相应的动作桩,并予以编号:

A1:需要仔细检修。

A2:继续使用。

(2)确定规则的个数。

因为条件桩(输入条件)的个数为 3,则一共有 $8(2^3)$ 种规则。

(3)填入条件项与动作项,得到初始决策表,如表 3.17 所示。

表 3.17 人机交互功能决策表

	选　项	1	2	3	4	5	6	7	8
条件	C1:使用功率大于 100kW	是	是	是	是	否	否	否	否
	C2:已经使用了 15 年以上	是	是	否	否	是	是	否	否
	C3:中途发生过故障	是	否	是	否	是	否	是	否
动作	A1:需要仔细检修	是	是	是	是	是	是	是	否
	A2:继续使用	否	否	否	否	否	否	否	是

(4)合并相似规则,化简决策表,如表 3.18 所示。

注:用 Y 与 N 表示"是"与"否",那些不影响输入问题取值的条件用黑色阴影方框表示。

表 3.18 人机交互功能决策表

	选　项	1-4	5-6	7	8
条件	C1:使用功率大于 100kW	Y	N	N	N
	C2:已经使用了 15 年以上	■	Y	N	N
	C3:中途发生过故障	■	■	Y	N

选　　项		1-4	5-6	7	8
动作	A1：需要仔细检修	Y	Y	Y	N
	A2：继续使用	N	N	N	Y

通过表 3.18 得知，化简后的决策表规则只有 4 个，所以可以据此设计出 4 个测试用例，如表 3.19 所示。

表 3.19 人机交互功能决策表

测 试 用 例	测 试 输 入	预 期 结 果
Test Case1	使用功率大于 100kW	需要仔细检修
Test Case2	使用功率不大于 100kW，但是已经使用了 15 年以上	需要仔细检修
Test Case3	使用功率不大于 100kW，也没有使用 15 年以上，但是中途发生过故障	需要仔细检修
Test Case4	使用功率不大于 100kW，也没有使用 15 年以上，中途也没有发生过故障	继续使用

3.3.3 运用决策表方法设计测试用例举例

这里仍然选取 3.1.2 节中的案例 2——三角形形状判定问题，三个整数 $a(1\leqslant a\leqslant 50)$、$b(1\leqslant a\leqslant 50)$ 和 $c(1\leqslant a\leqslant 50)$ 分别作为一个三角形的三条边，只是要求运用决策表方法来设计相应的测试用例，以方便初学者理解。

（1）列出所有的条件桩和动作桩。

通过对三角形形状（一般三角形/等腰三角形/等边三角形/非三角形）判定条件的分析列出相应的条件桩，并予以编号：

C1：a、b、c 能否构成一个三角形？

C2：a＝b？

C3：b＝c？

C4：a＝c？

列出相应的动作桩，并予以编号：

A1：一般三角形

A2：等腰三角形

A3：等边三角形

A4：非三角形

A5：不存在（不可能）

（2）因为条件桩的个数是 4，所以规则的个数是 $16(2^4)$。

（3）依次填入动作项，构造初始的决策表，如表 3.20 所示。

表 3.20　人机交互功能"问题-结果"表

规则		1	2	3	4	5	6	7	8	9	10	11	12	13	14	15	16
条件	C1：a、b、c 能否构成一个三角形？	是	是	是	是	是	是	是	是	否	否	否	否	否	否	否	否
	C2：a＝b？	是	是	是	是	否	否	否	否	是	是	是	是	否	否	否	否
	C3：b＝c？	是	是	否	否	是	是	否	否	是	是	否	否	是	是	否	否
	C4：a＝c？	是	否	是	否	是	否	是	否	是	否	是	否	是	否	是	否
结果	A1：一般三角形	■	■	■	■	■	■	■	是	■	■	■	■	■	■	■	■
	A2：等腰三角形	■	■	■	是	■	是	是	■	■	■	■	■	■	■	■	■
	A3：等边三角形	是	■	■	■	■	■	■	■	■	■	■	■	■	■	■	■
	A4：非三角形	■	■	■	■	■	■	■	■	是	是	是	是	是	是	是	是
	A5：不存在	■	是	是	■	是	■	■	■	■	■	■	■	■	■	■	■

注：在本例中，由于把等边三角形与等腰三角形看作两种不同类别的三角形，所以列出的 5 个动作桩（三角形形状的判定结果）是互斥的。为了增强阅读效果，决策表中（判定）结果为"否"的选项全部用黑色阴影方框表示。

（4）合并初始表中的相似规则，化简决策表，把条件 C1（a、b、c 能否构成一个三角形？）为"否"的规则（9～16 列）合并为 1 列，即化简后的决策表只有 9 列，如表 3.21 所示。

注：同样，对取值为"否"的选项以及那些不影响输入问题取值的条件用黑色阴影方框表示。

表 3.21　人机交互功能"问题-结果"表

规则		1	2	3	4	5	6	7	8	9～16
条件	C1：a、b、c 能否构成一个三角形？	是	是	是	是	是	是	是	是	否
	C2：a＝b？	是	是	是	是	否	否	否	否	■
	C3：b＝c？	是	是	否	否	是	是	否	否	■
	C4：a＝c？	是	否	是	否	是	否	是	否	■
结果	A1：一般三角形	■	■	■	■	■	■	■	是	■
	A2：等腰三角形	■	■	■	是	■	是	是	■	■
	A3：等边三角形	是	■	■	■	■	■	■	■	■
	A4：非三角形	■	■	■	■	■	■	■	■	是
	A5：不存在	■	是	是	■	是	■	■	■	■

（5）根据决策表 3.21 中的每一条规则设计一个测试用例。但是规则 2、规则 3 与规则 5 实际是无法满足输入数据要求的（输入不存在），无法生成对应的测试用例。所以测试用例列表中仅含有 6 个测试用例，如表 3.22 所示。

表 3.22　测试用例表

测试用例	输入数据			预期结果	对应决策表 3.21 中规则
	a	b	c		
Test Case1	25	25	25	等边三角形	规则 1
Test Case2	25	25	4	等腰三角形	规则 4
Test Case3	7	25	25	等腰三角形	规则 6
Test Case4	25	8	25	等腰三角形	规则 7
Test Case5	10	15	20	一般三角形	规则 8
Test Case6	25	3	25	非三角形	规则 9～16

3.4　因　果　图

因果图主要用于描述软件输入条件(原因)与软件输出结果(结果)之间的依赖关系,也称作依赖关系图。"原因"是指软件需求中能影响软件输出的任意输入条件,"结果"是指软件对某些输入条件的组合所做出的响应。可以是一条提示信息,也可以是弹出的一个新窗口,还可以是数据库的一次更新。结果可以可见或不可见。

等价类划分方法和边界值分析方法都只考虑测试单个输入条件的情况,却没有考虑测试多个不同输入条件的各种组合情况。与决策表方法一样,在因果图中,各个输入条件之间可能存在的相互制约关系往往会更强、更紧密。因此,因果图方法也是一种描述多种输入条件组合的黑盒测试设计方法,根据输入条件的不同组合、约束关系和输出条件的因果关系,分析输入条件的各种组合情况来设计测试用例,适合测试程序的多个输入条件涉及的各种组合情况。采用因果图方法能够帮助测试人员按一定步骤选择测试用例,同时还能发现软件需求规格说明描述中存在的某些隐性问题。

3.4.1　因果图的基本符号与制约关系

1. 基本符号

因果图中的一些基本符号主要有"恒等""非""或""与",如图 3.4 所示。

其中,输入条件用字符 c 表示,输出结果用字符 e 表示。各基本符号的数学含义如下:

图 3.4(a):表示"恒等",即相等关系。若 c=1,则 e=1;若 c=0,则 e=0。

图 3.4(b):表示"非",即否定关系。若 c=1,则 e=0;若 c=0,则 e=1。

图 3.5(c):表示"或"。若 c1、c2、c3 其中一个为 1,则 e=1;若 c1、c2、c3 同时为 0,则 e=0。

图 3.4(d):表示"与"。若 c1 与 c2 同时为 1,则 e=1;只要 c1、c2、c3 中有一个为 0,则 e=0。

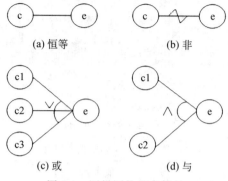

图 3.4　因果图的基本符号

2. 制约关系

当然,在实际问题中,输入条件之间还可能存在某种制约(约束)或限制性关系。例如,某些输入条件不可能同时出现等。在因果图中,以下列特定的符号标明这些约束,如图 3.5 所示。

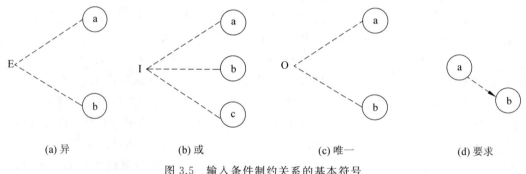

图 3.5　输入条件制约关系的基本符号

在图 3.5 中,符号的数学含义如下。

图 3.5(a):E 表示约束"异"。即 a 和 b 不能同时为 0 或同时为 1。

图 3.5(b):I 表示约束"或"。即 a、b 和 c 不能同时为 0(至少要有一个值为 1)。

图 3.5(c):O 表示约束"唯一"。即 a 和 b 中必须有一个且仅有一个为 1。

图 3.5(d):R 表示约束"要求"。即 a 是 1 时,b 必须是 1(即 a 是 1 时,b 不能是 0)。

注:以上的 1 与 0,分别指代"逻辑 1"(逻辑"真")与"逻辑 0"(逻辑"假"),而不是算数值中的 1 与 0。在实际的测试设计中,1 与 0 通常表示"成立、出现"与"不成立、不出现"。

3.4.2　因果图设计测试用例的步骤

利用因果图设计测试用例的步骤如下。

① 分析测试对象的描述中哪些是(输入)原因,哪些是(输出)结果。原因是输入或输入条件的等价类,结果是输出条件。给每个原因和结果赋予一个唯一的标识符,根据这些

关系画出因果图。

②　用一些记号表明输入条件与输出结果之间的限制条件或约束条件。

③　将对应的输入与输入之间、输入与输出之间的关系连接起来,并将其中不可能的组合情况标注成约束或限制条件,形成因果图。

④　充分分析测试需求,把因果图转换成判定表,在此基础上予以化简。其中,逻辑值1表示条件出现,逻辑值 0 表示条件不出现。

⑤　最后将化简后的判定表的每一列作为依据,设计测试用例。

3.4.3　运用因果图方法设计测试用例举例

1."判读输入的内容"问题

假设某软件需求规格说明如下：第一列字符的输入必须是 C 或 D,第二列字符必须是某一个个位数字(0～9),在此情况下才能对文件进行修改。但如果第一列字符不正确(非字符 C 或字符 D),则输出信息 F;如果第二列字符不是数字,则输出信息 S。

分析：根据规格说明描述识别出相应的原因(输入条件)与结果(输出)信息,如图 3.6所示。

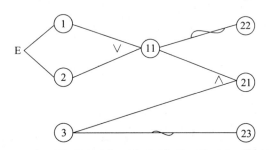

图 3.6　(输入条件)原因与(输出)结果关系的因果图

原因：

①　第一列字符是 C。

②　第一列字符是 D。

③　第二列字符是一个数字。

结果：

㉑　修改文件。

㉒　显示信息 F。

㉓　显示信息 S。

此外,输入条件①和输入条件②不能同时为"真"(逻辑 1),但是可以同时为"假"(逻辑 0)。所以 3 个输入条件总共只有 $6(2^3-2)$ 种取值。所以,由因果图转化的决策表如表3.23 所示。(表中分别用逻辑 1 与逻辑 0 来表示"真"与"假")

表 3.23 "判读输入的内容"问题的决策表

	规　则	1	2	3	4	5	6
原因	1：第一列字符是 C	1	1	0	0	0	0
	2：第一列字符是 D	0	0	1	1	0	0
	3：第二列字符是一数字	1	0	1	0	1	0
结果	21：修改文件	1	0	1	0	0	0
	22：显示信息 F	0	0	0	0	1	1
	23：显示信息 S	0	1	0	1	0	1

根据决策表 3.23 中的每一条规则,选择相应数据设计一个测试用例,形成的测试用例列表,如表 3.24 所示。

表 3.24 "判读输入的内容"测试用例表

测试用例	输入数据		预期结果	对应决策表中规则
	第 1 列	第 2 列		
Test Case1	C	4	修改文件	规则 1
Test Case2	C	w	显示信息 S	规则 2
Test Case3	D	4	修改文件	规则 3
Test Case4	D	w	显示信息 S	规则 4
Test Case5	w	4	显示信息 F	规则 5
Test Case6	A	B	显示信息 S 显示信息 F	规则 6

2. 自动饮料售货机

例如,有一个处理单价最少为 5 角钱的自动饮料售货机,出售橙汁与可乐两种饮料。测试需求说明如下。

橙汁 5 角一杯,可乐 1 元一杯。若投入 5 角钱或 1 元钱的硬币,按下"橙汁"或"可乐"的按钮,则送出相应的饮料。若售货机没有 5 角钱零钱找,则一个显示"零钱找完"的红灯亮,若这时投入 1 元硬币并按下"橙汁"按钮后,橙汁饮料不送出来且 1 元硬币会退出来;若饮料售货机有 5 角钱零钱找,则显示"零钱找完"的红灯灭,在送出橙汁饮料的同时退还 5 角硬币。要求使用因果图法设计自动饮料售货机的测试用例。

设计步骤如下。

(1) 分析测试需求,列出各种(输入)原因和(输出)结果,并唯一编号。

原因:

① 售货机有零钱找。

② 投入 1 元硬币。

③ 投入 5 角硬币。

④ 按下"橙汁"按钮。

⑤ 按下"可乐"按钮。

为了便于分析,可以建立输入与输出经历的中间结点(过程),表示处理中间状态。中间状态及编号如下:

⑪ 投入 1 元硬币且按下相应饮料按钮。

⑫ 按下"橙汁"或"可乐"的按钮。

⑬ 应当找 5 角零钱并且售货机有 5 角零钱找。

⑭ 钱已付清。

结果:

㉑ 售货机"零钱找完"灯亮。

㉒ 退出 1 元硬币。

㉓ 退出 5 角硬币。

㉔ 送出橙汁饮料。

㉕ 送出可乐饮料。

(2)画出因果图,如图 3.7 所示。把所有的原因结点列在左边,所有的结果结点列在右边。在列出的各种(输入)原因中,由于②与③、④与⑤不能同时发生,所以分别加上约束条件 E。

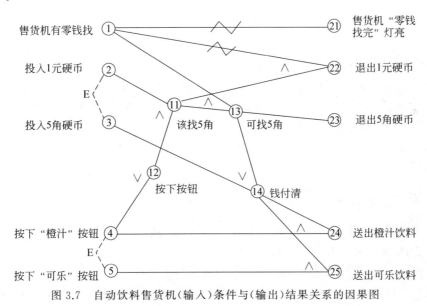

图 3.7 自动饮料售货机(输入)条件与(输出)结果关系的因果图

(3)把因果图转换成判定表,如图 3.8 所示。因为有 5 种输入原因,所以输入组合一共是 2^5(32)种。其中,"结果"栏中阴影部分表示在某种输入组合下结果不可能发生的状态。

(4)最后,请自行将判定表的每一列作为依据设计测试用例。其中测试用例一栏中用 Y 标识的表示有效的测试用例,阴影部分标识的表示无效的测试用例。

序号		1	2	3	4	5	6	7	8	9	10	1	2	3	4	5	6	7	8	9	20	1	2	3	4	5	6	7	8	9	30	1	2
条件	①	1	1	1	1	1	1	1	1	1	1	1	1	1	1	1	1	1	0	0	0	0	0	0	0	0	0	0	0	0	0	0	0
	②	1	1	1	1	1	1	1	1	1	1	0	0	0	0	0	0	0	1	1	1	1	1	1	1	1	1	0	0	0	0	0	0
	③	1	1	1	1	0	0	0	0	0	0	1	1	1	0	0	0	1	1	1	0	0	0	1	1	1	0	1	1	1	0	0	0
	④	1	1	0	0	1	1	0	0	1	1	0	0	1	1	0	0	1	1	0	0	1	1	0	0	1	1	0	0	1	1	0	0
	⑤	1	0	1	0	1	0	1	0	1	0	1	0	1	0	1	0	1	0	1	0	1	0	1	0	1	0	1	0	1	0	1	0
中间结果	⑪						1	1	0			0	0	0				0	0	0				1	1	0				0	0	0	
	⑫						1	1	0			1	1	0				1	1	0				1	1	0				1	1	0	
	⑬						1	1	0			0	0	0				0	0	0				0	0	0				0	0	0	
	⑭						1	1	0			0	0	0				0	0	0				0	0	0				1	1	1	
结果	㉑						0	0	0			0	0	0				0	0	0				1	1	1				1	1	1	
	㉒						0	0	0			0	0	0				0	0	0				1	1	0				0	0	0	
	㉓						1	1	0			0	0	0				0	0	0				0	0	0				0	0	0	
	㉔						1	0	0			1	0	0				1	0	0				0	0	0				1	0	0	
	㉕						0	1	0			0	1	0				0	1	0				0	0	0				0	1	0	
测试用例							Y	Y	Y			Y	Y	Y				Y	Y					Y	Y	Y				Y	Y	Y	

图 3.8　由因果图转化成的决策表

3.5　其他黑盒测试方法

以上介绍了一些经典的黑盒测试方法,它们的共同点是测试人员需要站在用户的角度分析输入到输出之间的映射关系,依据软件规格说明设计测试用例。等价类划分方法可以减少同一类测试用例的绝对数量,边界值分析(含健壮性测试)方法着眼于测试输入变量的边界值域,决策表及与因果图方法侧重分析被测程序多个输入条件及输出结果之间的逻辑依赖关系,每种方法各有千秋。

本节主要介绍一些其他黑盒测试方法的设计思想,相关测试实例及应用,读者可以自行查阅相关书籍。

3.5.1　正交实验法

正交实验法是使用已经创建的正交表格来安排实验并运行数据分析的一种方法,目的是用最少的测试用例达到最高的测试覆盖率。

在许多实际应用系统的测试工作中,不会像三角形形状判定那样简单,往往输入条件的因素有很多,而且每个输入条件也不能简单地用"是"和"否"来判断。例如,测试 Office 2010 中的 Word 文档打印程序,至少需要考虑 5 个因素,而每个因素会有以下选项。

① 打印页面范围:全部/当前页/指定页面范围。

② 打印视图:页面视图/Web 版式视图/大纲视图/阅读版式视图。

③ 打印颜色:黑白/彩色/灰度。

④ 纸张大小:A3/A4/B4/B5/8 开/16 开/32 开。

⑤ 打印方式:单面打印/双面打印。

这样一来,测试组合会变得很多,传统的测试方法会导致很大的测试工作量。

正交实验设计是依据 Galois 理论,从大量的测试实验数据(用例)中挑选适量的、有代表性的测试点(用例),从而合理安排测试的一种科学实验设计方法。选取的这些有代表性的测试点(用例)所对应的数据具备均匀分散、齐整可比的特点。

例如,某一测试问题需要考虑 3 个因素,而每一个因素会有 3 个水平(平行)实验。如果做全面测试实验,需要 $27(3^3)$ 次,抽象成一个形象的立方体,如图 3.9(a)所示。如果采用正交实验设计方法,则对于 3×3(3 个测试因素,每一个因素包含 3 个实验)的测试问题,只需要做 9 次实验,如图 3.9(b)所示。从立体几何的角度看,如果每个平面都表示一个水平,共有 9 个平面,可见图 3.8(b)的每个平面其实都有 3 个测试点,立方体的每条直线上都有 1 个测试点,并且这些测试点都呈均衡性分布,因此这 9 次实验的代表性很强,从概率论的角度能够较全面地反映实验的结果,这就是正交实验设计所特有的均衡分散性(在此不予数学证明)。也就是说,正是利用这一特性来合理地设计和安排实验,以便通过尽可能少的实验次数找出最佳水平组合。

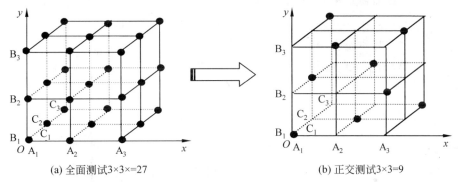

(a) 全面测试3×3×=27　　　　　　　　　　(b) 正交测试3×3=9

图 3.9　立方体正交实验设计原理图

3.5.2　错误推测法

错误推测法是一种基于主观经验的黑盒测试用例设计方法,测试人员根据经验推测程序中可能存在的各种错误,从而有针对性地设计出检测这些错误的测试用例。

软件测试业界大都认同这样一个思想,若在程序某处发现了缺陷,则该处可能会隐藏更多的缺陷。在实际测试中,测试人员会探索式地猜测程序中有可能发生的缺陷或容易发生异常的地方,然后依据积累的测试经验设计测试用例。错误推测法要求测试小组成员集思广益,凭着直觉和经验来测试,适合在软件测试需求不明确的情况下进行错误猜测,指导测试用例的设计过程,是一种有效的测试方法。但是,错误推测法不是一个系统化的测试方法,适用于作为其他测试方法的辅助。例如,在使用等价类划分或边界值分析法,通过选择有代表性的测试数据来测试程序的基础上,猜测一些特殊的、容易引发错误的数据来测试程序。总之,要求测试人员依靠经验和直觉,从各种测试输入数据或方案中猜测一些最有可能引起程序出错的数据或方案,作为对常规测试方法的补充。

测试人员通常从以下几个方面来推测软件系统中是否存在错误。

① 软件产品以前版本中已存在的未解决的问题。

② 因为编程语言、操作系统、浏览器等环境的限制而出现的问题。

③ 因模块间关联的测试出现的缺陷,修复后可能带来其他的问题等。

3.5.3　场景法

在实际工作中,一些复杂的软件应用程序的功能实现大都是由事件触发来控制流程的。例如,用户使用某银行卡实现网上支付功能,如果输入密码出现错误,就无法完成支付操作。如果密码输入正确,然而银行卡内存储的现金数额已小于预支付数额,还是无法完成支付操作。当然,即使密码输入正确并且卡内存储的现金数额大于预支付数额,但是银行卡与事先绑定的手机号不一致,仍然无法完成网上支付。可见,对程序产生的同一运行结果,就有 3 种不同的场景(情景)。同一事件不同的触发顺序和处理结果就形成事件流,每一个事件触发时的情景便形成了场景。运用场景描述软件应用程序的某一功能或业务流程,可以比较生动地描绘出事件触发时的情景,有利于测试设计者设计测试用例,使测试用例更容易理解和执行,提高测试效果。

场景法包含两种数据流,即基本流和备选流,如图 3.10 所示。

在图 3.10 中,基本流是指经过(形成)该功能(用例)的最简单的路径或流程(无任何差错,程序从开始直接执行到结束)。备选流是指在某个特定条件下执行(发生)的,针对该功能实现过程中所出现的一些错误、异常的情况。备选流可以从基本流开始,然后重新加入到基本流中,也可以起源于另一个备选流,或终止本功能(用例),不再加入到基本流中。

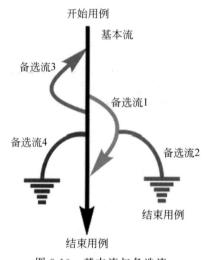

图 3.10　基本流与备选流

运用场景法设计测试用例,首先,根据程序的需求规格说明描述出程序的基本流及各项备选流,根据基本流和各项备选流生成不同的场景。然后,对每一个场景生成相应的测试用例。最后,对生成的所有测试用例重新复审,去掉多余的测试用例,确定后,对每一个测试用例确定测试数据值。

"ATM 机取款流程系统"就是一个运用场景法设计测试用例的经典实例,感兴趣的读者可以查阅高级软件测试书籍自行学习。

3.6　思考与习题

1. 什么是软件黑盒测试方法?

2. 采用等价类划分方法设计测试用例的步骤是什么?

3. 采用边界值分析方法设计测试用例的步骤是什么?

4. 采用决策表方法设计测试用例的步骤是什么?

5. 采用因果图方法设计测试用例的步骤是什么？

6. 已知某系统用户登录窗口由用户名输入框与密码输入框组成,规则如下:

① 用户名由 3 位英语大写字母和 8 位数字组成。如 YHR123456。

② 密码由 3 位英语小写字母组成。如 bgu。

要求运用等价类划分方法设计出测试登录窗口的测试用例。

7. 在习题 6 的基础上,运用边界值分析方法设计出测试登录窗口的测试用例。

8. 某公司薪酬管理软件关于员工年薪发放的要求如下。

① 年薪制员工。

工作有过失：扣除本年度年终奖励的 3%。

工作有严重过失：扣除本月工资及年终奖励的 20%。

② 非年薪制员工。

工作有过失：扣除本月工资及年终奖励的 25%。

工作有严重过失：扣除本月工资及年终奖励的 40%。

要求使用决策表方法对该薪酬管理软件的功能进行测试,并设计出相应的测试用例。

9. 使用因果图法,设计自动饮料售货机的测试用例。

有一个处理单价最少为 5 角钱的自动饮料售货机,出售雪碧、可乐与果汁三种饮料。雪碧与可乐均是 5 角一杯,果汁 1 元一杯。若投入 5 角钱或 1 元钱的硬币,按下"雪碧""可乐"或"果汁"的按钮,则送出相应的饮料。一些特殊的测试需求说明如下。

① 不考虑某一种饮料是否已售完的情况(即假设每一种饮料都是无限量的)。仅仅投硬币(不购买任何饮料)的动作是没有意义的。

② 只允许客户使用 5 角或 1 元硬币购买饮料,且投币一次只能购买任何一杯饮料。也就是说,若投入 1 元钱,不允许同时购买 2 杯雪碧或 2 杯可乐,也不允许同时购买 1 杯雪碧和 1 杯可乐。

③ 若某一时刻售货机已经没有 5 角钱零钱找,则一个显示"零钱找完"的红灯亮。若这时投入 1 元硬币并按下"雪碧"或"可乐"按钮,不仅相应饮料不送出来,且 1 元硬币也会退出来;若此时饮料售货机内仅有最后一个 5 角钱零钱找,则在送出相应饮料的同时并退还 5 角硬币后,显示"零钱找完"的红灯会亮。

④ 若售货机内有 5 角钱零钱,显示"零钱找完"的红灯会灭。仅仅投硬币(不购买任何饮料)的动作是没有意义的。

10. 应用决策表方法进行(2010 年 1 月 1 日至 2020 年 12 月 31 日之间)NextDate 函数测试问题。

NextDate 函数的描述如下：NextDate 函数包含三个变量,即 year(年份)、month(月份)、day(日期),在日期范围内,函数的输出为所输入日期的后一天的日期。

例如,输入 2019、08、21,输出 2019、08、22。

　　输入 2019、12、31,输出 2020、01、01。

NextDate 函数问题的复杂之处在于输入域的复杂性,三个变量 year(年份)、month(月份)、day(日期)之间并不是完全独立的,相互之间会存在一些依赖关系。此外,还要考虑到当前输入 year(年份)是否为闰年、输入月份(月份)的天数以及当前日期的后一天是否要跨月(年)的情况。

  注：为了方便初学者思考,这里已经把 year(年份)、month(月份)、day(日期)详细划分为以下详细的等价类,并在此等价类的基础上建立决策表。

Y1 ={year:year 是闰年}

Y2 ={year:year 不是闰年}

M1 ={month:month 有 30 天}

M2 ={month:month 有 31 天,除去 12 月}

M3 ={month:month 是 2 月}

M4 ={month:month 是 12 月}

D1 ={day:1≤day≤27}

D2 ={day:day=28}

D3 ={day:day=29}

D4 ={day:day=30}

D5 ={day:day=31}

  11. 简述场景法的测试设计思想。

白 盒 测 试

本章学习目标

- 认识与理解软件白盒测试的概念、主要特点与应用策略
- 了解静态分析和动态测试两种白盒测试类型
- 学习与掌握运用逻辑覆盖方法设计测试用例
- 学习与掌握运用路径分析方法设计测试用例
- 了解一些其他的白盒测试方法

软件白盒测试是把测试对象比喻成一个透明的、能看得见内部程序逻辑结构的白色盒子,测试人员需要深入了解被测程序的逻辑结构,根据程序内部的逻辑结构特点及组成代码的流程设计测试用例,对程序内部的逻辑路径进行测试,检测程序中的每条路径是否都能按预定要求正确工作。白盒测试如图 4.1 所示。

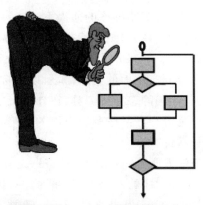

图 4.1　白盒测试图

与黑盒测试不同的是,白盒测试要着眼于被测试程序的源代码,而不是软件的需求规格说明。运用白盒测试方法,测试者必须全面了解程序的内部逻辑结构,检查程序的内部结构,从检查程序的逻辑着手测试相关的

逻辑路径,最后得出测试结果。从这一意义上讲,白盒测试又被称作结构测试或逻辑驱动测试。

4.1 白盒测试的类型

从是否需要执行被测软件的角度看,白盒测试分为静态分析和动态测试两种类型,每一种类型中又包含相应的测试方式。以某驾驶员检查汽车性能为例,对白盒测试的静态分析和动态测试做个形象的比喻,如表 4.1 所示。

表 4.1 静态分析与动态测试的比喻

静态分析	汽车上路行驶前 静止状态	检查车灯
		检查行李箱
		检查汽车后视镜
		检查轮胎
		……
动态测试	汽车上路行驶中 行驶状态	检查制动情况
		检查行驶加速情况
		检查倒车情况
		检查方向盘控制情况
		……

4.1.1 静态分析

静态分析是指在不执行被测程序的前提下,按一定步骤只对被测程序进行特性分析与检查。例如,检查软件的(体系)结构特征,分析程序源代码,从而找出软件缺陷的过程,有时也称为软件结构分析。静态分析一般是在脱机的情况下采用人工检查方式完成对程序源代码的检查,侧重于静态层面的“分析”,所以也称为代码评审或代码审查。当然,静态分析也可以借助一些代码静态分析工具,在计算机上以自动方式对软件源代码进行静态扫描,检查源代码中是否存在某些逻辑方面的缺陷,并给出分析结果。但是,检查过程中被测程序本身是不运行的。

因此,静态分析方法着眼于“分析”与“检查”,是对被测程序进行特性分析的一些方法的总称。即在不执行被测程序的前提下,只是通过扫描程序代码分析程序的数据流和控制流等信息,找出系统的缺陷,得出测试报告。通常,静态分析阶段进行的检查活动如表 4.2 所示。在具体实施环节,按照评审的不同组织形式,静态分析可以采用桌面检查、代码走查、代码审查等方式来完成。

表 4.2 静态分析阶段的检查内容

检查内容	描述
算法逻辑	确定算法能否实现程序所要求的功能
模块接口	检查模块接口的正确性,确定形参的个数、数据类型、顺序是否正确,确定返回值及其类型是否正确
输入参数	检查程序中是否有针对输入参数的合法性检查语句(如果没有合法性检查,则应确定输入参数是否不需要合法性检查)
模块间调用	检查调用其他模块的接口是否正确; 检查实参类型、实参个数、返回值是否正确; 若被调用模块出现异常或错误,程序是否有适当的出错处理代码
出错处理	检查程序中是否设置了适当的出错处理机制(以便在程序出错时,能对出错部分进行清空或初始化,保证其逻辑的正确性)
程序语句	检查程序中的各条语句、表达式(含运算符)等是否正确 检查程序语句是否具有二义性
变量与常量的使用	检查程序中所定义的(全局)变量与常量的使用是否正确
编码规范性	检查程序中各类标识符的使用是否规范、一致; 变量命名是否能够顾名思义、简洁、规范和易记; 检查程序编码风格的一致性、规范性; 检查代码是否符合行业规范,是否所有模块的代码风格都一致、规范
注释完整性	检查代码注释是否完整; 检查能否正确描述代码的功能,并查找错误的注释
算法/代码效率	检查代码结构是否可以优化; 检查算法效率是否高效等

1. 桌面检查

桌面检查即由程序员自己检查所编写的程序,对源代码进行分析、检查,以发现程序中的错误。

桌面检查方法其实不太严谨,因为其违背了"开发人员避免检查自己的程序"的测试准则,即人们一般不能有效地发现自己所编写程序中的错误,故而效率不高。在实际工作中,桌面检查也可以由其他程序员来完成。例如,一个开发小组内的几个程序员可以在各自编程工作的休息期间相互交换检查各自的程序,而不是检查自己的程序。即使这样,桌面检查方法的效率仍然不及代码走查或代码审查方法。因为开展桌面检查活动并不需要召开专门的小组会议,所以不能培养良性竞争的气氛,也无法达到互相促进的效果。

2. 代码走查

代码走查的开展形式要比桌面检查略微正式。代码走查一般以召开小组会议的方式进行,每小组 3~5 人。代码走查可以是程序员之间或是程序员与系统分析师之间讨论代码的过程,目的是交换代码编写的思路,并达成对代码标准的共识。在代码走查的过程中,每一位程序员都有机会向其他人展示自己编写的代码,阐述代码编写思路及方案等。

与代码审查不同的是,代码走查要求与会者扮演应用程序的各类用户角色,针对被测程序的运行逻辑,在假想的用户输入情况下,逐行地浏览代码,检查代码中潜在的缺陷并记录结果的过程。

代码走查的主要优点在于:首先,有利于项目团队成员各抒己见,使项目其他成员更全面地了解业务,对成员之间的交流也有很好的促进作用。其次,代码走查的讨论过程通常是非正式的,即无须安排专人记录讨论的问题及沟通结果。最后,代码走查可以有效地提高开发人员的技术水平以及业务素养,增强团队成员之间的凝聚力和竞争力,通过总结交流形成团队的核心竞争力。

3. 代码审查

代码审查是一种非常正式的评审活动,通过正式会议的方式进行,如图 4.2 所示。会前事先拟定好计划和流程,会议中应用预先准备好的相关缺陷检查文档(如代码审查清单等),对照被检查程序的源代码发现软件缺陷,会后形成正式的审查结果报告。

图 4.2　代码审查活动图

代码审查小组通常由项目经理(通常扮演会议主持人角色)、资深技术人员、评审专家、程序员(实际代码编写者)、用户代表、记录员以及相关列席人员等共同组成。代码审查活动一般采取讲解、提问并使用检查表的方式审查代码,必须有正式的审查计划、流程与结果报告。代码审查小组成员需要提前阅读程序设计规格书、程序目录表等相关文档,以了解代码的主要功能以及各个功能之间的联系。项目经理(开发组组长)组织召开审查会,程序编写者在会议上阐述自己所编写程序的逻辑及展示源代码情况,其他人员提出问题,一起分析、讨论、确定问题是否存在。会议结束后,审查小组需要认真记录会议上发现的程序错误,并提交一份正式的、详细的、规范的书面审查结果文档,提供给程序开发人员。代码审查的目的就是为了产生合格的代码,检查源程序编码是否符合详细设计的编码规定,确保编码与软件设计的一致性和可追踪性。

在代码审查期间,与会人员通常会对照事先准备好的一份代码审查清单,对代码进行逐项检查。例如,宫云战[①]给出了一个常用的代码审查清单模板,如表 4.3 所示,仅供读者参考。

---

① 宫云战.软件测试教程[M].北京:机械工业出版社,2019.

表 4.3　代码审查清单模板

代码审查内容	内 容 描 述
可追溯性	① 代码是否与需求一致; ② 是否遵循详细设计
逻辑	① 代码中表示优先级的括号用法是否正确; ② 代码是否依赖赋值顺序; ③ 条件判断语句是否清晰; ④ 循环语句能否顺利结束; ⑤ 复合语句是否正确地用花括号括起来; ⑥ 是否使用 goto 语句
数据	① 变量在使用前是否已被初始化; ② 变量的声明是否分为内部声明与外部声明; ③ 常量名是否都大写; ④ 常量是否都通过 ♯define 定义; ⑤ 用于多个文件中的常量是否在一个头文件中定义; ⑥ 指针是否初始化; ⑦ 定义为指针的变量是否都作为指针使用(而不是作为整数); ⑧ 传递指针到另一个函数的代码是否都首先检查了指针的有效性; ⑨ 数组是否有越界; ⑩ 宏的命名是否都大写
接口	① 形参与实参类型可匹配; ② 函数及过程调用,参数类型与个数是否正确; ③ 参数顺序可正确; ④ 如果访问共享内存,是否具有相同的共享内存模式
文档	软件文档是否与代码一致
注释	① 注释与代码是否一致; ② 用于理解代码的注释是否提供了必要的信息; ③ 是否对数组及变量的作用进行了描述
异常处理	程序是否对用户输入所产生的错误或异常情况都加以考虑
内存	① 采用动态分配内存,内存空间分配是否正确; ② 在向动态分配的内存写数据之前是否检查了内存申请是否成功; ③ 当内存空间不需要时,是否被明确地释放
其他	……

目前,国内很多知名的软件企业对新入职员工编写的程序,一般都以代码走查的形式开展。而对一些关键性的代码,都会定期开展代码审查活动,要求程序员结合系统架构设计图或程序模块流程图(框图),在企业内部公开地向他人展示并讲解自己编写代码的实现方法及思路,互相学习程序设计思想、方法与技巧,共同提高。

4.1.2　动态测试

动态测试是指测试处在运行中的软件(程序),通过设计与执行有效的测试用例,分析输入与输出的对应关系,达到发现软件缺陷的目的。在白盒测试中,常用的动态测试方法主要有逻辑覆盖方法与路径分析方法。

4.2　逻辑覆盖

逻辑覆盖是一种基于程序内部逻辑结构的动态白盒测试方法。测试人员在设计测试用例时,必须对被测程序的逻辑结构有清晰的了解。测试人员需要选择执行程序中某些最具有代表性的通路,来替代穷举测试。根据程序内部代码的逻辑覆盖强度,逻辑覆盖由低至高可以分为语句覆盖、判定覆盖、条件覆盖、判断/条件覆盖、条件组合覆盖和路径覆盖。其中,语句覆盖的强度最低,路径覆盖的强度最高。

例如,已知某被测程序的 C 代码段如下,其程序流程如图 4.3 所示。

```
void test(int x, int A, int B)        //注:A 的取值不为 0;
{
  if(A>1)&&(B==0)                     ①
  x=x/A;                             ②
  if(A==2)||(x>1)                    ③
  x++;                              ④
}
```

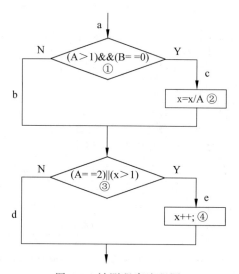

图 4.3　被测程序流程图

注:为了方便初学者学习,图 4.3 上对 C 程序代码段中的判定(条件判断)表达式及执行语句都进行了编号(①、③为判定表达式,②、④为执行语句)。这个简单的 C 程序代码段也将作为一个公共案例来说明以下 6 种逻辑覆盖测试方法及其特点。

4.2.1　语句覆盖

语句覆盖要求选择相应的测试用例,运行被测程序,使得程序中的每条语句至少执行一次即可。也就是说,采用语句覆盖方法设计若干个测试用例,要求程序运行时每个可执行语句至少被执行一次。当然,在保证完成要求的情况下,测试用例的数目越少越好。

图 4.3 所示的程序流程图中有两条语句,分别是②x＝x/A;与④x＋＋;选择一组测试用例为 x=1;A=2;B=0,如表 4.4 所示。则程序的执行流程为 a→c→e,覆盖了语句②和语句④。如果执行结果正确(即图 4.3 中判定表达式①和③都为 Y 的情况下),则可以证明该程序是正确的。然而,语句覆盖只关注于每个判定表达式最终结果的逻辑值(Y 或 N),而不去关注判定表达式中不同条件的取值情况。也就是说,若判定表达式中的条件发生错误,则错误可能会被隐藏。例如,程序员若把表达式③中的条件 x>1 误写成 x<1 或 x<0,则使用上述测试数据(x=1;A=2;B=0)是无法检测到错误的。

再例如,语句覆盖尽管可以确保程序中的每条语句都得到执行,但是却发现不了判定条件中存在的逻辑运算方面的错误。例如,在图 4.3 所示流程图的第一个判定条件(A>1)&&(B==0)中,如果把逻辑运算符 && 错写成||,而仍然使用 Test Case1 中各个输入变量的取值 x=1;A=2;B=0 来测试程序流程,则程序仍会按照流程图上的执行流程 a→c→e 来执行,同样无法检测到相应的错误。所以,语句覆盖是一种强度比较弱的逻辑覆盖,即它并不是一种充分的检验方法。尽管可以通过执行程序中的每条语句测试每条语句的执行情况,但是不能覆盖到程序中所有可能出现的错误情况。因此,语句覆盖只是针对程序中显式存在的(执行)语句进行测试,而无法测试出判定表达式的条件及逻辑分支的取值是否有错。

表 4.4　满足语句覆盖的测试用例

测试用例	输入数据			(A>1)&&(B==0) ①	(A==2)||(x>1)③	覆盖语句	执行路径
	x	A	B				
Test Case1	1	2	0	Y	Y	②④	a→c→e

4.2.2　判定覆盖

判定覆盖又称为分支覆盖,是指设计若干个测试用例,执行被测试程序时,要求程序中每个判断条件的真值(Y)分支和假值(N)分支至少被执行一次。在保证完成要求的情况下,测试用例的数目越少越好。

仍以图 4.3 所示的程序流程图为例,在语句覆盖的基础上,为达到判定覆盖的要求,程序流程历经 a→c→e 与 a→b→d 即可。因为这两条流程可以使得程序中每个判定条件的真(Y)分支和假(N)分支至少执行一次。所以,需要设计两个测试用例(其中可以选择表 4.4 中的 Test Case1,用于检测覆盖程序流程 a→c→e),就可以使得程序中每个判定结点的取真分支和取假分支至少执行一次,如表 4.5 所示,从而使两个判断的 4 个分支 b、c、d、e 分别得到检测。

表 4.5 满足判定覆盖的测试用例

测试用例	输入数据			(A>1)&&(B==0)①	(A==2)||(x>1)③	覆盖语句	执行路径
	x	A	B				
Test Case1	1	2	0	Y	Y	②④	a→c→e
Test Case2	1	3	1	N	N	无	a→b→d

　　上述两个测试用例不仅满足了判定覆盖,同时也满足语句覆盖。毫无疑问,判定覆盖比语句覆盖更强一些。但是,判定覆盖仍然无法检测出判定条件的内部是否有错误。例如,把第二个判定条件(A==2)\|\|(x>1)中的条件 x>1 错写成 x<1,则使用上述两个测试用例中的输入数据,程序照样能按照原来的路径执行,而不会影响结果,因此,需要更强的逻辑覆盖准则去检验判定条件是否有错。

　　注: 细心的读者可能会提出,若选用表 4.6 所示的另外两个测试用例 Test Case3 与 Test Case4,也可以使得程序中每个判定结点的取真分支和取假分支至少执行一次,则分别覆盖路径 a→c→d 与 a→b→e,同样也可覆盖了两个判断中的 4 个分支,当然这也是可以的。

表 4.6 满足判定覆盖的另一组测试用例

测试用例	输入数据			(A>1)&&(B==0)①	(A==2)||(x>1)③	覆盖语句	执行路径
	x	A	B				
Test Case3	1	3	0	Y	N	②	a→c→d
Test Case4	2	2	2	N	Y	④	a→b→e

　　尽管判定覆盖比语句覆盖增加了几乎一倍的测试路径,测试能力更强,但其未能深入测试程序中复合判定表达式的细节,所以仍存在测试漏洞。

4.2.3 条件覆盖

　　条件覆盖要求设计若干个测试用例,执行被测程序,使得(程序分支处)每个复合判定表达式中的每个简单判定条件的取真值(Y)情况和取假值(N)情况至少执行一次。按照条件覆盖的要求,选取测试用例 Test Case1(表 4.5 中),并设计一个新的测试用例 Test Case5,却发现这两个测试用例中的输入数据完全满足程序流程图(图 4.3)中每个复合判定表达式里面的每个简单判定条件取真值(Y)情况和取假值(N)情况至少执行一次的要求,如表 4.7 所示。

表 4.7 满足条件覆盖的测试用例

测试用例	输入数据			A>1	B==0	A==2	x>1	覆盖语句	执行路径
	x	A	B						
Test Case1	1	2	0	Y	Y	Y	N	②④	a→c→e
Test Case5	2	1	1	N	N	N	Y	④	a→b→e

当然,若选取表 4.8 所示的两个测试用例 Test Case6 和 Test Case7 来执行被测程序,同样可以使得(程序分支处)每个复合判定表达式中的每个简单判定条件取真(Y)情况和取假(N)情况至少执行一次的条件,也满足条件覆盖的要求。

注:这里请读者认真思考,本例中能否再选取其他的测试用例,同样满足条件覆盖的要求?

表 4.8　满足条件覆盖的另一组测试用例

测试用例	输入数据			A>1	B==0	A==2	x>1	覆盖语句	执行路径
	x	A	B						
Test Case6	2	1	2	N	N	N	Y	④	a→b→e
Test Case7	0	2	0	Y	Y	Y	N	②④	a→c→e

综上,条件覆盖与判定覆盖相比较,增加了对符合判定覆盖情况的测试,也增加了测试路径。然而,要达到条件覆盖的所有可能情况,尚需要设计足够多的测试用例。但是,条件覆盖并不能完全保证判定覆盖。条件覆盖只能保证判定表达式中的每个简单判定条件至少有一次为取真(Y)和取假(N)的情况,而不考虑所有的判定结果。

4.2.4　判定/条件覆盖

要求设计若干个测试用例,不仅使得(程序分支处)每个复合判定表达式中的每个简单判定条件的取真(Y)值情况和取假(N)值情况至少执行一次,并且每个判定表达式本身的判定结果取真(Y)与取假(N)也需要至少出现一次。

按照图 4.3 所示的程序流程图,完全可以选择两个测试用例 Test Case8 和 Test Case9,满足判定/条件覆盖的要求,如表 4.9 所示。此外,若设计另外两个测试用例 Test Case10 和 Test Case11,也能满足判定/条件覆盖的要求,如表 4.10 所示。

表 4.9　满足判定/条件覆盖的测试用例

测试用例	输入数据			表达式①	表达式③	A>1	B==0	A==2	x>1	覆盖语句	执行路径
	x	A	B								
Test Case8	2	2	2	N	Y	N	N	Y	Y	④	a→b→e
Test Case9	1	4	0	Y	N	Y	Y	N	N	②	a→c→d

表 4.10　满足判定/条件覆盖的另一组测试用例

测试用例	输入数据			表达式①	表达式③	A>1	B==0	A==2	x>1	覆盖语句	执行路径
	x	A	B								
Test Case10	4	2	0	Y	Y	Y	Y	Y	Y	②④	a→c→e
Test Case11	1	1	1	N	N	N	N	N	N	无	a→b→d

然而,判定/条件覆盖仍然有缺陷。因为在程序的执行过程中,某些条件会掩盖另一

些条件中存在的错误。例如,在表 4.10 中选择使用 Test Case11 中的数据检测程序时,当输入 A 的数值为 1 时,对于程序段中的表达式①(A>1)&&(B==0),条件(A>1)为逻辑"假"。由于逻辑表达式(A>1)&&(B==0)存在"逻辑短路"的情况,此时程序会直接忽略对条件(B==0)的判断。也就是说,这之后无论变量 B 的输入值是什么,都不会对条件(B==0)进行检查。可见,采用判定/条件覆盖,逻辑表达式中的错误也不一定都能被检测出来。

4.2.5 条件组合覆盖

条件组合覆盖是指选择若干个测试用例,使得(程序分支处)的复合判定表达式中的每个简单判定条件所有可能的取值组合都至少被执行一次。可见,满足条件组合覆盖准则一定满足判定覆盖、条件覆盖和判定/条件覆盖准则。

因此,选取表 4.10 中的测试用例 Test Case10、Test Case11,以及选择测试用例 Test Case5 设计个新测试用例 Test Case12,即可满足条件组合覆盖的要求,如表 4.11 所示。

但是我们发现,尽管表 4.11 中的 4 个测试用例能够满足条件组合覆盖的要求,执行时却仅能覆盖到图 4.3 所示程序流程图中总共 4 条路径(a→c→e、a→b→d、a→c→d、a→b→e)中的其中 3 条(a→c→e、a→b→d、a→b→e)。可见,条件组合覆盖也不能让程序中的所有路径都能被覆盖测试。

表 4.11 满足条件组合覆盖的测试用例

测试用例	输入数据			A>1	B==0	A==2	x>1	覆盖语句	执行路径
	x	A	B						
Test Case10	4	2	0	Y	Y	Y	Y	②④	a→c→e
Test Case11	1	1	1	N	Y	N	N	无	a→b→d
Test Case12	2	2	1	Y	N	Y	N	④	a→b→e
Test Case5	2	1	1	N	N	N	Y	④	a→b→e

4.2.6 路径覆盖

路径覆盖就是选择若干个测试用例,保证程序历经的所有路径都至少执行一次。如果程序中存在环形结构,也要保证此环的所有路径都至少执行一次。

图 4.3 中的程序流程可能会经历 4 条路径,分别是 a→c→e,a→c→d,a→b→e,a→b→d。分别对这 4 条路径选取(设计)4 个测试用例,如表 4.12 所示。

Test Case10:x=4、A=2、B=0,满足判定表达式①与③都为 Y,则覆盖路径 a→c→e。

Test Case11:x=1、A=1、B=1,满足判定表达式①与③都为 N,则覆盖路径 a→b→d。

Test Case5:x=2、A=1、B=1,满足判定表达式①为 N,判定表达式③为 Y,则覆盖路径 a→b→e。

Test Case3:x=1、A=3、B=0,满足判定表达式①为 Y,判定表达式③为 N,则覆盖路径 a→c→d。

表 4.12   满足路径覆盖的测试用例

测试用例	输入数据			(A＞1)＆＆(B＝＝0) ①	(A＝＝2)‖(x＞1)③	覆盖语句	执行路径
	x	A	B				
Test Case10	4	2	0	Y	Y	②④	a→c→e
Test Case11	1	1	1	N	N	无	a→b→d
Test Case5	2	1	1	N	Y	④	a→b→e
Test Case3	1	3	0	Y	N	②	a→c→d

综上,通过实例分析了 6 种逻辑覆盖测试方法及其特点。为了便于初学者学习,最后按照逻辑覆盖策略由弱到强的严格程度,对上述 6 种逻辑覆盖测试方法的特点进行比较,如表 4.13 所示。

需要注意的是,图 4.3 中的程序流程代码段其实非常简单,只有 4 行。然而,在实际的白盒测试中,一个简短程序的内部可执行路径数目往往会是一个庞大的数字,对其完全实现路径覆盖测试是很困难的。所以,路径覆盖测试也是相对的,要尽可能把路径数压缩到一个可承受范围。

表 4.13   6 种逻辑覆盖测试方法的特点比较

逻辑覆盖	特 点
语句覆盖	每条语句至少执行一次。除对检测不可执行的语句有一定的作用之外,无法检测出语句之间是否存在错误
判定覆盖	在语句覆盖的基础上,每个判定表达式的每一个分支至少执行一次。无法检测出判定表达式中所包含的内部条件是否存在错误
条件覆盖	在语句覆盖的基础上,每个判定表达式中的每一个内部条件都取到各种可能的结果。但是满足条件覆盖的测试用例不一定能够覆盖每个判定表达式的每一个分支
判定/条件覆盖	判定覆盖与条件覆盖的交集。但是无法做到路径覆盖
条件组合覆盖	每一个判定表达式中内部条件的各种组合都至少执行一次,能够覆盖所有判定表达式中的可取分支,同样无法做到路径覆盖
路径覆盖	覆盖程序中所有可能的路径。在实际工作中,对于一些复杂的循环结构程序,完全覆盖程序中的所有路径是不可能的

当然,即便对某个简短的程序段做到了所有路径覆盖测试,也不能保证源代码不存在其他问题。因此,辅以黑盒软件测试方法也是有必要的,它们之间相辅相成。总之,没有一个测试方法能够穷举测试所有软件缺陷,只能说是尽可能多地测试软件缺陷。

4.3   基本路径分析

对于比较简单的小程序,运用白盒测试中的路径覆盖方法是可以做到的。但是,如果程序中出现循环结构,可能的路径数目将急剧增长,想要在测试中覆盖所有的路径是无法实现的。为了解决这个难题,需要把覆盖路径的数目压缩到一定限度内(例如,对程序中的循环体语句,只执行有限次测试)。可见,在实际的路径覆盖测试中,对于路径数目有限的程序,即便已经做到路径覆盖,其实仍然不能保证被测程序的正确性,还需要采取其他测试方法补充。

4.3.1 基本路径

从广义的角度看,任何关于程序路径分析的测试都可以称为路径测试。简单地说,路径测试就是从一个程序的入口开始,执行所经历的各个语句的完整过程。路径测试方法是白盒测试中最典型的问题,完成路径测试的理想情况就是做到路径覆盖,但对于复杂性较大的程序,要做到所有的路径覆盖(测试所有的可执行路径)是不可能的。所以,在不能做到所有路径覆盖的情况下,仅能选择被测程序中某些有代表性的路径,即基本(独立)路径。从软件测试的角度来看,如果被测程序的每一条基本(独立)路径都已经被测试过了,也就是说被测程序的每一条基本路径都能被执行到,就可以认为程序中的每条语句都已经被测试过了,即达到了语句覆盖。这种测试方法就是通常所说的基本路径测试方法。

例如,图 4.4 为某被测试程序的(部分)流程图,带有循环结构。通过分析得知,其所包含的基本路径如表 4.14 所示。

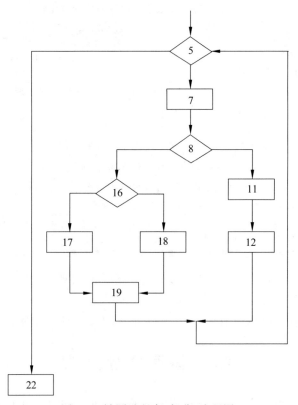

图 4.4 被测试程序(部分)流程图

表 4.14　基本路径表

基 本 路 径	进入循环次数	结点序列表示
路径 1	0	5→22
路径 2	1	5→7→8→16→17→19→5→22
路径 3	1	5→7→8→16→18→19→5→22
路径 4	1	5→7→8→11→12→5→22

也就是说,测试人员需要针对表 4.14 中的这 4 条基本路径设计出 4 个测试用例,每一个测试用例中的用户输入数据能够遍历所各自代表的基本路径,也就满足了基本路径测试的要求。需要注意的是,对于流程图中的循环体,针对路径 1 所设计的测试用例中的输入数据会使流程图中的循环体语句一次也不执行(执行 0 次)。

可见,基本路径测试的思想是基于被测程序的内部流程图,通过分析程序的执行流程导出基本的可执行路径的集合,针对集合中的每一条可执行路径设计相应的测试用例。所设计的每一个测试用例,都要保证其所针对的基本路径中的每一条(可执行)语句至少被执行一次。

4.3.2　控制流图及其特点

1. 控制流图的特点

控制流图的全称为程序控制流程图,实际上是对传统程序流程图的简化。在控制流图中,测试人员只关注程序的流程,而不关注各个处理框(包括语句框、判断框、输入/输出框等)的细节。简化后的控制流图一般只有两种图形符号:结点和有向边(单向箭头)。程序流程图中的处理框都被简化为结点,一般用圆圈表示,处于顺序关系的多个连续处理框也可以根据情况合并成同一个结点。且原来程序流程图中的带有箭头的控制流用带箭头的有向边来表示。

任何程序的流程图都可以绘制出所对应的控制流图。绘制(转化)控制流图时,应注意如下几点:

① 在选择或多分支结构中,分支的汇聚处可以绘制一个汇聚结点。

② 如果判断中的条件表达式是由一个或多个逻辑运算符(or、and、nor 等)连接的复合条件表达式,绘制控制流图时,则需要改为一系列只有单条件的嵌套的判断。

③ 控制流图的绘制结果不唯一,但控制流图中的结点个数需要简化,有向边(单向箭头)的走向需要美观。

例如,某 C 程序流程的伪代码如下:

```
if (a) or (b)
printf  x;
else
printf  y;
```

注：语句 if (a) or (b)中的 a 与 b 实际上是两个条件表达式，即为(a＝＝1)与(b＝＝1)的缩写。

可以根据这段简单的伪代码分析出其流程结构图(此处省略)，并绘制控制流图，如图 4.5 所示。

在图 4.5 所示的程序流程图的基础上进一步绘制最终的控制流图，如图 4.6 所示。

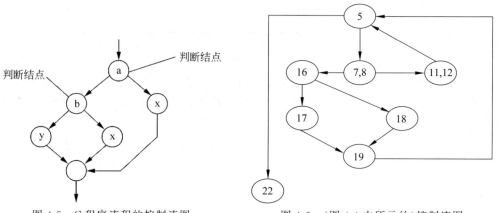

图 4.5　C 程序流程的控制流图　　　　图 4.6　(图 4.4 中所示的)控制流图

注：在图 4.6 中，可以把图 4.4 所示的程序流程图中的框图 7、8 以及框图 11、12 合并，形成一个结点。

最后再次强调，如果程序流程图中的判定表达式包含的是复合条件，在生成控制流图时，一定要把复合条件分解为若干个简单条件，每个简单条件对应控制流图中的一个结点。初学者务必需要特别注意。

例如，表示逻辑"与"的复合条件组合伪代码段如下：

```
if (a) and (b)
then  x;
else  y;
```

可用图 4.7(a)所示的控制流图表示。

同样，表示逻辑"或"的复合条件组合伪代码段如下：

```
if (a) or (b)
then  x;
else  y;
```

可用图 4.7(b)所示的控制流图表示。

2. 控制流图的结构

控制流图描述了程序内部的流程结构，与程序流程图一样，也分为顺序结构、选择结构(IF 选择结构与 CASE 多分支结构)、循环结构(While 循环结构与 Until 循环结构)3种基本结构，如图 4.8 所示。也就是说，对于任何复杂的程序流程图，最后转化得到的控

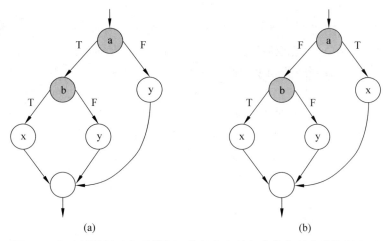

图 4.7　表示逻辑"与"和逻辑"或"的复合条件组合伪代码段的控制流图

制流图都包含以下一种或多种基本结构。

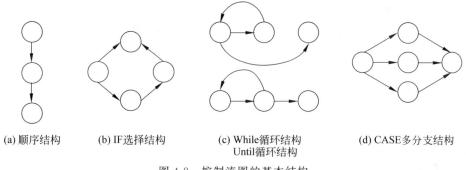

(a) 顺序结构　　　　(b) IF选择结构　　　(c) While循环结构　　　(d) CASE多分支结构
　　　　　　　　　　　　　　　　　　　　　 Until循环结构

图 4.8　控制流图的基本结构

4.3.3　运用基本路径测试方法设计测试用例

基本路径测试又称作独立路径测试,是在程序控制流图的基础上,通过分析控制结构的环路复杂性导出基本可执行路径集合,从而设计出相应的测试用例的方法。

基本路径测试的基本步骤如下。

① 根据被测程序的流程图设计(绘制)控制流图。

② 计算控制流图的环路复杂度。

③ 导出基本路径集合,确定基本路径集合中的每一条独立路径。

④ 根据每一条独立路径设计相应的测试用例。

被测程序的控制流图是一个有向图。实际上,图中任何两个结点之间都至少存在一条路径,这样的图也是强连通图。环路复杂度的概念即指控制流图的基本路径集合中所包含的独立路径条数,其环路复杂度 $V(G)$ 可按 McCabe 定理(该定理在此不作证明)中的计算公式进行求解:

$V(G)=e-n+2;$

其中：G 指代控制流图，e 为图 G 中的边数，n 为图 G 中的结点数。

例如，在图 4.6 中所示的控制流图中，$e=10$（有 10 条有向边），$e=8$（有 8 个结点），按照 McCabe 定理计算其环路复杂度，则 $V(G)=10-8+2=4$。

当然，一些同类软件测试书籍还提出了采用区域数目观察法、判定结点法（利用代码中独立判定结点的数目）等其他方法来计算环路复杂度，本书不予介绍。

现在通过具体实例介绍运用基本路径测试方法设计测试用例的方法。

已知某 C 程序中 Test 函数代码段如下（为方便初学者学习，以注释形式对每条语句进行了编号）。

```
void Test(int a, int b)
{                                    //语句 1;
    int x=0;                         //语句 2;
    int y=0;                         //语句 3;
    while(a>0)                       //语句 4;
    {                                //语句 5;
      if (b==0)                      //语句 6;
      x=y+2;                         //语句 7;
    else                             //语句 8;
      if (b==1)                      //语句 9;
          x=y+10;                    //语句 10;
      else                           //语句 11;
          x=y+20;                    //语句 12;
    }                                //语句 13;
}                                    //语句 14;
```

通过对程序的分析，绘制的控制流图如图 4.9 所示。

根据 McCabe 定理计算环路复杂度，$V(G)=10-8+2=4$。

根据上面的计算方法，可得出 4 个独立的路径（一条独立路径，是指和其他的独立路径相比，至少引入一个新处理语句或一个新判断的程序通路。$V(G)$ 值正好等于该程序的独立路径的条数）。

路径 1：4→14
路径 2：4→6→7→14
路径 3：4→6→9→10→13→4→14
路径 4：4→6→9→12→13→4→14

根据上面的独立路径设计 4 个测试用例，输入数据，使程序分别执行到上面 4 条路径，如表 4.15 所示。

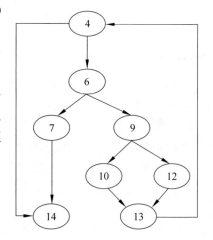

图 4.9　Test 函数代码段控制流图的基本结构

表 4.15 （图 4.9 中）控制流图的测试用例数据表

测试用例	输入数据		预期输出		执行路径
	a	b	x	y	
Test Case1	0	0	0	0	路径 1
Test Case2	1	0	2	0	路径 2
Test Case3	1	1	10	0	路径 3
Test Case4	1	2	20	0	路径 4

每个测试用例执行之后，与预期结果进行比较。如果所有测试用例都执行完毕，则可以确保程序中所有的可执行语句至少被执行了一次。

4.4 其他白盒测试方法

4.4.1 基本路径测试方法的扩展

1. DD 路径测试

DD 路径即决策到决策路径，其着眼于程序控制流图中分支路径的测试覆盖问题，对控制流图中串行的部分进行压缩，形成 DD 路径图，在此基础上进行测试用例设计，用测试覆盖指标考查测试效果。

例如，某测试程序的控制流图如图 4.10 所示，可以将一系列邻接的顺序语句结点 1、2 合并成结点 A，将结点 4、6 合并成结点 B，将结点 5、7 合并成结点 C，形成 DD 路径，如图 4.11 所示。这样合并的目的是将程序执行的分支情况清晰地描述出来，便于分析测试覆盖率。

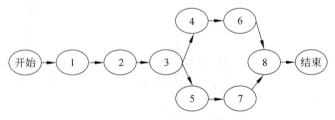

图 4.10 测试程序的控制流图

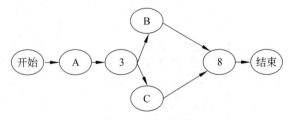

图 4.11 DD 路径

DD 路径测试的思想相对简单,其优点是对于一些内部结构简单的程序,可以把 DD 路径作为测试覆盖的最低可接收级别。当前很多测试机构认为,当一组测试用例满足 DD 路径覆盖要求时,可以发现全部缺陷的 85% 左右。

2. 循环结构测试

顺序结构、选择(分支)结构与循环结构是 3 种基本的程序结构。当被测程序中仅包含顺序结构与选择结构时,测试相对简单,因为程序中的路径数目是有限的。然而,当被测程序中包含了循环结构,可执行的路径数目就会剧增,测试情况较为复杂。从路径分析的角度看,循环结构可以分为简单循环结构、串接循环结构与嵌套循环结构 3 种类别,如图 4.12、图 4.13 与图 4.14 所示。

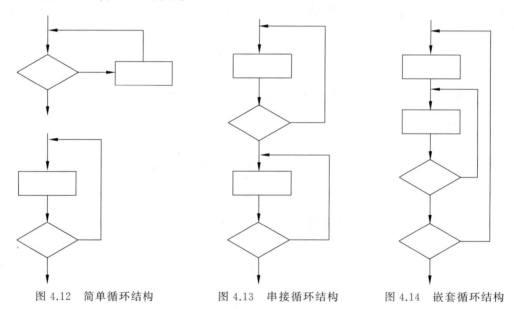

图 4.12　简单循环结构　　　　图 4.13　串接循环结构　　　　图 4.14　嵌套循环结构

(1) 简单循环结构。

对于简单循环结构,无论是当前(While)循环类型还是直到(Until)循环类型,假设循环体执行的最大次数为 n(n 为正整数),设计测试用例时,需要考虑循环次数为以下几种情况,如表 4.16 所示。

表 4.16　简单循环结构考虑的设计测试用例情况

循环次数	说　　明
0 次	不执行循环体,直接退出
1 次	执行 1 次循环体
2 次	执行 2 次循环体
m 次	执行循环体 m 次($m < n-1$),通常 m 选取 $n/2$ 或 $(n/2)+1$
$n-1$ 次	执行循环体 $n-1$ 次

续表

循环次数	说　　明
n 次	执行循环体 n 次
$n+1$ 次	执行循环体 $n+1$ 次

例如,某 C 程序中的 fun 函数代码段如下:

```c
void fun(int n)
{
    int i;
    int sum=0;
    for (i=1; i<=n; i++)
        sum=sum+i;
    return sum;
}
```

假设 $n=9$,调用 fun 函数时,对这段循环程序需要设计 7 个测试用例,分别用于测试循环次数 n 为 0、1、2、4、8、9、10 的情况,如表 4.17 所示。

表 4.17　测试用例设计

测 试 用 例	输入数据 n	预期结果 sum	循 环 次 数
Test Case1	0	0	0
Test Case2	1	1	1
Test Case3	2	3	2
Test Case4	4	10	4
Test Case5	8	36	8
Test Case6	9	45	9
Test Case7	10	55	10

(2) 串接循环结构。

串接循环又称为并列循环,如图 4.13 所示。对串接循环结构程序进行测试时,如果串接循环的各个循环都彼此独立,则可以使用前述的简单循环测试方法来测试串接循环。如果两个循环串接,而且第一个循环的循环计数器值是第二个循环的初始值,则这两个循环并不是独立的。当循环不独立时,建议按照嵌套循环结构的测试方法来测试程序。

(3) 嵌套循环结构。

测试嵌套循环结构程序的情况较复杂。当前,业内主要采用 B. Beizer 提出的一种能够减少测试路径数目的方法。

从最内层循环开始测试,把所有其他(外层)循环都设置为最小值。对最内层循环使用简单循环结构测试方法,而使外层循环的迭代参数(如循环计数器)取最小值,并为越界值或非法值增加一些额外的测试。由内向外,再对最内层中下一个循环进行测试,但仍然保持所有其他外层循环为最小值,其他嵌套循环为"典型"值;继续进行下去,直到测试完所有循环。

对于初学者而言,嵌套循环结构的测试重点在于:当外循环变量为最小值时,内层循环为最小值和最大值时的运算结果;当外层循环变量为最大值时,内层循环为最小值和最大值时的运算结果;循环变量的增量是否正确;何时退出循环等。

3. Z 路径测试

Z 路径测试的思想是对循环机制进行简化(简化循环下的路径覆盖),减少路径的数量,使得覆盖所有路径成为可能,也称为 Z 路径覆盖。

Z 路径测试针对程序中的循环体,无论循环的形式和实际执行循环体的次数如何,Z 路径测试只测试执行循环体 0 次与 1 次,也就是只考虑测试进入循环体一次及跳出循环体这两种情况,所以 Z 路径测试可以看作是简化循环意义下的路径覆盖测试。

4.4.2 域测试

介绍域测试之前,首先介绍一下有关程序错误的分类情况。

从软件测试的角度看,通常把程序错误分为域错误、计算型错误和丢失路径错误 3 种。

(1)域错误。

这种错误也被称作路径错误。程序中的每条执行路径都对应输入域的一类情况,是程序的一个子计算。如果程序的控制流有错误,那么对于某一特定的输入(数据),程序可能执行的是一条错误路径。

(2)计算型错误。

计算型错误主要是由于赋值语句中的计算错误而导致程序输出结果不正确,属于常见的错误。例如,在 C 语言中,假设 a、b 是两个 float 类型的变量,均不为 0。如果用变量 b 来表示变量 a 的 1/2 大小,则 b 的表达式为 b=a*1/2 就是错误的,这是一种典型的计算型错误。因为在 C 语言中,1/2 的结果为 0(而不是 0.5),则 b 的表达式的正确写法应为 b=a*1/2.0。

(3)丢失路径错误。

由于程序中的某处少了一个判定(逻辑)谓词而造成路径丢失或路径错误。例如,在 C 语言中,x 是一个 int 类型的变量。若表示变量 x 的取值范围在 2 到 8 之间(不包括两个端点的边界值),则对 x 的判定表达式的正确写法应该是 x>2&&x<8。如果写成 x>2 x<8 或 2<x<8,都是错误的,即缺少了一个判定谓词 &&,这就属于丢失路径错误。

所以,域测试主要是针对域错误进行的程序测试,是一种基于程序结构的测试方法。"域"在这里指的是程序的输入空间,域测试方法是基于对程序输入空间的分析,以及在分析基础上对输入空间进行分割划分,然后选取相应的测试点进行测试。

尽管域测试也是一种有效的针对软件模块的白盒测试方法,但是它有两个致命的弱点:一是当程序包含很多路径(分支)时,所需的测试点非常多。二是为了简化分析的目的,域测试对被测程序提出了过多的限制,例如,要求被测程序不允许出现数组,分支谓词是不含布尔运算的简单谓词等。另外,输入域的分割和划分还涉及多维空间的概念,不易被理解。综上可见,这些都直接限制了域测试方法的实用性,不易被人们所接受。

4.4.3 符号测试

符号测试的基本思想是允许测试用例的输入数据是一些符号值(非数据值),用以代替具体的数值数据。其目的是解决测试点不易选取、所选取的测试点不能保证具有完全代表性等问题。

符号测试特点是符号既可以是基本符号变量值,也可以是符号变量值的一个表达式。符号测试执行的是代数运算,而普通测试执行的是算数运算。符号测试可以看作是对普通测试的一个自然扩充。符号测试也可以看作是程序测试和程序验证的一个折中。

但是,符号测试也存在一些问题。即符号测试方法是否能够得到广泛应用的关键在于能否开发出功能更为强大的程序编译器和解释器,使它们能够处理相应符号(包括各类算数符号、逻辑符号等)的运算。目前,符号测试还存在着分支问题、二义性问题、大程序问题等待解决问题,使其实际应用性也受到了一定限制。

4.4.4 程序变异测试

程序变异测试是一种错误驱动测试,是针对某类特定程序错误进行的测试。

程序变异分为程序强变异和程序弱变异。程序强变异是通过对程序进行微小的改变而生成许多被测程序变异体,而程序弱变异并不实际产生程序变异体,而是分析源程序中易于出错的环节,找出有效的测试数据去执行这些部分。

程序变异测试则是通过在程序中逐个引入符合语法的微小变化,例如,适当改变被测程序源代码中一些程序语句的花括号(〈…〉)的标注位置等,把源程序变异为若干个变异程序,利用相应的测试结果检验测试用例集的错误检测能力,预测源程序存在错误的可能性。

程序变异测试的优点是测试目标针对性强、系统测试性强。程序变异测试的缺点在于程序变异会一下子生成很多变异程序体(因子),全部开展测试会成倍地增加测试成本。此外,程序变异测试对测试人员的专业编码技能也要求过高。

4.5 思考与习题

1. 什么是软件白盒测试方法?
2. 白盒测试中的静态分析与动态测试的区别体现在什么地方?
3. 静态分析阶段通常需要的检查内容主要有哪些?
4. 什么是代码走查?
5. 简述代码审查的内容。
6. 什么是白盒测试中的逻辑覆盖?
7. 已知 C 语言程序代码段如下:

```
void test(int x, int y, int z)
{
if(x>4)&&(y==0)
x=x * y;
if(y==2)||(z>1)
x--;
}
```

请分别用语句覆盖、判定覆盖、条件覆盖、判定/条件覆盖、条件组合覆盖以及路径覆盖方法设计测试用例。

8. 简述白盒测试中基本路径的含义。

9. 运用基本路径测试方法设计测试用例的步骤是什么？

10. 已知某 C 程序中的 Test 函数代码段如下：

```
void Test(int a, int b)
{
    int x=2;
    int y=1;
    while(a<0)
    {
        if (b==0)
        x=y+8;
    else
        if (b==4)
        x=y+5;
    else
        x=y-10;
    }
}
```

请运用基本路径测试方法设计其测试用例。

11. 简述 DD 路径测试的方法。

12. 采用 DD 路径测试方法，如何对循环结构的程序进行测试用例设计？

13. 什么是域测试？

14. 符号测试的特点是什么？

第 5 章 软件测试过程

本章学习目标

- 了解软件测试策略的内容
- 掌握传统的软件测试流程以及流程中的每一个测试步骤
- 学习与了解传统的软件测试模型以及几种简单的软件测试改进模型的特点
- 了解软件敏捷测试——Scrum 流程
- 学习与了解一些软件敏捷测试案例

软件测试在软件开发过程中占有重要的地位。国外测试机构的研究数据显示,在软件开发的工作量中,软件测试工作量占总工作量的 40% 以上,软件开发总费用的 30%~50% 将用于软件测试活动。对于一些高科技开发系统,软件测试占有的时间和费用可能更多更高。

然而,在传统的软件瀑布开发模型中,软件测试只是作为软件生命周期的一个阶段,即对已开发完毕的软件源代码进行测试。这与现代软件工程思想相违背,因为软件测试活动需要贯穿整个软件生命周期,是软件质量保障的重要手段之一。

现代软件工程提倡"测试先行",即要求软件开发与软件测试活动交互且并行于整个软件生命周期中。在软件的需求分析阶段,从软件开发者的角度看,主要对拟开发软件提出完整、清晰、具体的要求,明确软件必须为用户实现的任务(功能性需求、非功能性需求、设计约束等)以及完成软件需求建模与评审等工作。从软件测试者的角度看,此时测试的对象是相关文档资料,如用户需求规格说明书等。测试人员需要制订测试计划,和开发人员一起从需求定义的正确性、完整性、可验证性、可行性等方面进行评审。

在软件概要设计和详细设计阶段(概要设计描述拟开发软件总体系统架构中各个模块的划分及相互之间的关系,详细设计描述各个模块具体的算法和数据结构),测试人员一方面需要对软件设计阶段产生的文字、相关图表进行评审,另一方面需要设计出软件主要功能模块的测试用例。

在编码阶段,开发人员主要采用高级程序语言,对已完成详细设计的模块进行编程实现。与此同时,开发人员还要对已有的程序代码进行单元测试,可以是静态分析和动态测试两种白盒测试类型相结合的方式。需要注意的是,单元测试一定是由程序员来完成的。可以根据实际情况,选择桌面检查、代码走查、代码审查等形式进行。在软件测试阶段,测试人员对软件系统进行集成测试、确认测试、系统测试,主要测试系统的功能、性能等方面是否与用户需求相一致。最后,在软件检验交付与维护阶段,测试人员通常会模拟用户使用场景,或在实际用户环境下对系统进行验收测试(通常采用自动化测试工具进行测试验收),包括对软件产品的功能测试、性能测试、回归测试、发布测试等。

5.1　软件生命周期中的测试策略

现代 IT 行业软件测试活动通常由软件开发人员与专门的测试人员(机构、组织)共同策划和管理。也就是说,软件测试是一系列事先需要计划、事中需要管理的活动及过程。所以,开展软件测试活动前需要制定软件测试策略。软件测试策略是指测试将按什么样思路和方式设计、制定以及实施。从宏观上看,测试策略是从原则性、框架性层面来考虑测试设计及测试实施过程,而测试方法则是一些具体性的、方法性的测试技术方面的运用。

通常,软件测试策略的内容主要由部署测试、制订测试计划、执行测试计划、分析测试结果、编写测试报告 5 部分内容组成,如图 5.1 所示。表 5.1 给出了每一部分内容的具体工作。

当然,对于一些大型软件测试项目,还包含对测试活动的总体设计与部署、测试成本与效率分析、测试度量及过程管理等内容。

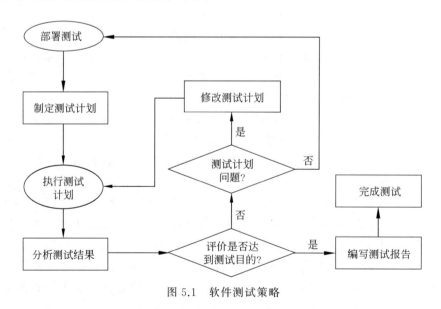

图 5.1　软件测试策略

表 5.1　软件测试策略的主要内容

测 试 策 略	内 容 说 明
部署测试	主要是搭建测试环境。例如，在本地测试环境下部署各类测试服务器、Web 服务器、文件管理服务器、数据库服务器等，安装测试程序运行环境（如 Java 程序的 JDK 运行环境）、相应的测试工具及管理平台，服务器的安全策略设置等
制订测试计划	规定测试活动的范围、方法、资源和进度。明确要执行的测试任务有哪些，即明确需要测试和不需要测试的内容（对于不需要测试的内容，需要给出原因）。确定每个测试任务的责任人、完成时间以及与测试计划相关的风险因素等
执行测试计划	执行测试用例，记录原始测试数据，记录缺陷，对缺陷进行跟踪、管理和监控等
分析测试结果	对测试结果（所发现的缺陷）进行整理、归纳和分析。一般借助于 Excel 文件、数据库和一些直方图、圆饼图、趋势图等进行分析和表示，通过发现缺陷数量或在模块中的分布情况掌握程序代码的质量。通过缺陷趋势分析开发团队解决缺陷的能力或状态
编写测试报告	把测试的过程和结果写成文档，分析发现的问题和缺陷，为纠正软件存在的质量问题提供依据，同时为软件验收和交付打下基础

5.2　传统的软件测试流程

软件测试具有阶段性。按照测试的前后次序，从是否需要执行被测软件的角度，传统的软件测试流程一般按 5 个步骤进行，即单元测试、集成测试、确认测试、系统测试与验收测试，如图 5.2 所示。

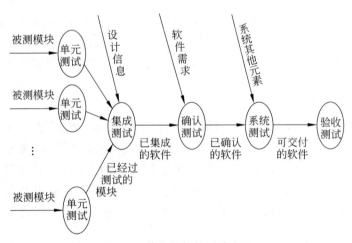

图 5.2　传统的软件测试流程

5.2.1　单元测试

单元测试对用源代码实现的每一个被测模块（程序单元）进行测试，检查各模块内部程序是否正确实现了规定的功能。通常，单元测试在编码阶段进行，由软件开发人员完成。编写完源程序代码,经过评审和验证,确认没有错误后,就可以着手准备单元测试活动了。从程序的内部逻辑结构出发,利用设计文档,设计出可以验证程序功能、找出程序错误的单元测试的测试用例,从而指导单元测试活动。当然,多个模块也可以平行地独立进行单元测试。

单元测试的具体内容主要有 5 个方面,如表 5.2 所示。

表 5.2 单元测试内容的 5 个方面

测 试 内 容	测 试 说 明
模块接口	包括对调用子模块的参数、参数表、全程数据、文件输入/输出进行测试
局部数据结构	模块内部源代码的数据类型说明、初始化操作、默认值等方面测试
独立路径	对模块中程序执行流程历经的重要路径进行测试
边界条件	选择对模块中的数据流、控制流中刚好等于、小于或大于规定的比较值进行测试
错误处理	测试模块中所含的错误处理程序是否会对一些输入错误或缺陷进行判断,是否会拒绝不合理的输入数据等

单元测试可以以静态测试或动态测试的方式进行。静态单元测试主要指代码走查这类检查性测试,针对代码文本检查,不需编译和运行代码。动态单元测试要通过编写测试代码(或设计测试用例)测试,需编译和运行代码,调用被测代码运行。当然,不论是静态测试还是动态测试的方式,单元测试都可采用人工方式或自动化方式进行。

目前单元测试的模式主要有两种,即代码先行模式与测试驱动模式。前者是一种传统的单元测试方式,即先编码后测试。这种方式易于实施与控制,一般可选择重要模块的代码进行测试。测试驱动模式是指在实现模块代码之前就完成对其测试用例的设计,要求程序员对即将编写的代码进行需求上的细节分析和代码设计方案的考虑。这种单元测试模式通常用于敏捷软件项目的测试活动,会改变程序员的编码习惯。

5.2.2 集成测试

集成测试也称联合测试或组装测试,是在模块完成单元测试之后,把所有模块按照之前软件概要设计阶段规定好的一些设计信息(如模块结构图)的要求组装成相应的子系统或系统的测试活动,目的是检测模块结构组装的正确性。在实际测试中,尽管一些模块通过了单元测试,能够单独工作,但是并不能保证多个模块组合起来也能正常工作。同样,被测程序在某些局部方面反映不出来的问题,有可能会在全局中暴露出来,影响整体功能的实现。

开展集成测试的过程中,需要根据被测模块在模块结构图中的地位设计相应的桩模块与驱动模块。桩模块也称为桩程序,用来模拟被测对象所调用的下一层模块(程序)。驱动模块也称为驱动程序,是指对下层模块进行测试时,用来模拟调用该被测对象的上一层模块(程序)。无论是桩模块还是驱动模块,都不是真正意义上的被测系统模块,都是"假"的模块,只是用于模拟其调用(下一层模块)与被调用(上一层模块)的功能。

　　例如,在集成测试中,若要测试图 5.3 中模块 B 的功能是否正确,首先需要了解模块 B 在模块结构图中的位置。即模块 B 的上层是模块 A(模块 A 调用模块 B),模块 B 的下层是模块 E 与模块 F(模块 B 调用模块 E、模块 F)。也就是说,需要为模块 B 设计(构造)一个驱动模块与两个桩模块,用于模拟模块 A 及模块 E、模块 F 的功能,如图 5.4 所示。当图 5.4 所示的模块调用图能够运行并测试通过,才能证明模块 B 通过了集成测试,这时才能使用真正的模块 A 及模块 E、F 替代相应的驱动模块及桩模块。当然,图 5.3 中的其余模块若想通过集成测试,仍然需要为它们设计(构造)相应的驱动模块或桩模块。

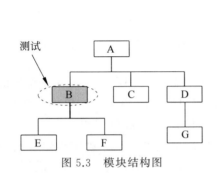

图 5.3　模块结构图

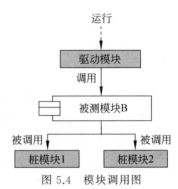

图 5.4　模块调用图

一些常用的集成测试策略如下所示。

1. 非增式集成测试

　　按照一步到位的方法构造集成测试,通过对每个模块设计相应的桩模块或驱动模块,并完成单元测试,再把所有模块按照模块结构图连接起来,作为一个整体进行测试。

　　例如,某系统由 5 个模块组成,模块结构图如图 5.5 所示。非增式集成测试步骤如下。

　　(1) 分析模块结构图,确定哪些模块需要设计桩模块,哪些模块需要设计驱动模块,哪些模块既需要设计桩模块,又需要设计驱动模块。

　　模块 A 同时调用了 3 个模块,所以集成测试时需要为其设计 3 个桩模块,来模拟测试模块 A 调用(B、C、D 3 个模块)功能。但是模块 A 是顶层模块,没有其他模块调用它,所以不需要为其设计驱动模块。同样,由于模块 B、模块 C、模块 D 被模块 A 调用,所以分别要为这 3 个模块设计驱动模块测试它们的被调用功能。由于模块 C 还调用了模块 E,因此在为模块 C 设

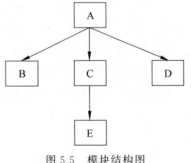

图 5.5　模块结构图

计驱动模块的同时还要为其设计一个桩模块。模块 E 是最底层模块,只需要为其设计一个驱动模块即可,如图 5.6 所示。

　　(2) 按图 5.6 所示,为模块 A 至模块 E 依次设计相应的桩模块或驱动模块,完成单元测试后,再按照图 5.5 所示的模块结构图形式连接起来,进行一次集成测试即可。

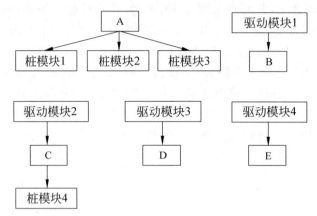

图 5.6　各模块的非增式集成过程图

大棒集成测试方法,即按照模块结构图设计桩模块或驱动模块,完成对每个被测模块的测试活动,然后将所有模块一次性地按照模块结构图连接(组装)起来,进行集成测试。可见,大棒集成测试方法所采用的就是上面提到的非增式集成测试策略。

因为所有的模块都是一次性集成的,所以大棒法集成测试很难确定出错模块的真正位置以及出错的原因。大棒法集成测试只适合规模较小的应用系统,不推荐在规模较大的系统中使用。

2. 增式集成测试

与非增式集成测试不同的是,增式集成测试把单元测试与集成测试结合起来进行,在集成的过程中对每个模块采用边连接边测试的方式,来发现连接过程中产生的问题。这里介绍两种常用的增式集成测试方式。

(1) 自顶向下集成。

从顶层模块开始,把顶层模块作为测试驱动模块,通过设计桩模块依次对下层模块进行测试。再逐步把下层的桩模块一次一个地替换为真正的模块进行测试。每替换一个真正的下层模块时,按照同样的方法先设计桩模块,再用该模块的下层真正模块做替换测试,直至整个系统结构被集成完成。

同样,对于图 5.7 所示的模块结构图,图 5.7 中的(a)(b)(c)子图分别给出了采用自顶向下集成方法的测试过程。

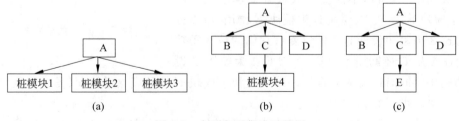

图 5.7　自顶向下集成过程图

（2）自下向上集成。

模块逐步集成测试工作自最底层的模块逐步向上进行。因为是从最底层开始集成，因而不需要设计桩模块辅助测试。通过设计驱动模块依次对上层模块进行测试，再逐步将上层的驱动模块一次一个地替换为真正的模块进行测试。图 5.8 中的（a）（b）（c）（d）（e）子图分别给出了采用自下向上集成方法的测试过程。

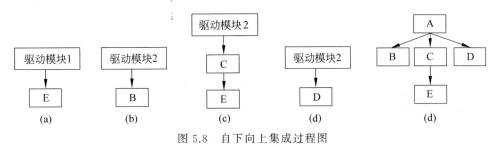

图 5.8　自下向上集成过程图

3. 混合法集成测试

混合法集成测试的策略，是对软件结构中的较上层模块使用"自顶向下"集成测试法，而对于软件结构中的较下层模块使用"自下向上"集成测试法，两者相结合。例如，对于图 5.3 所示的模块结构图，A、B、C、D 4 个模块采用"自顶向下"集成测试策略，E、F、G 3 个模块则采用"自下向上"集成测试策略。

4. 三明治集成测试

三明治集成测试的策略是将"自顶向下"和"自下向上"的集成测试方法有机地结合起来，是一种混合增殖式测试策略。这里仍以图 5.3 所示的模块结构图为例，首先要选择分界模块层。例如，选择模块 B、C、D 所在层次为中间线，模块 B、C、D 所在层次以上采用"自顶向下"的测试方法，模块 B、C、D 所在层次以下采用"自下向上"的测试方法。

三明治集成测试方法的优点是能够适当减少桩模块和驱动模块的开发，缺点是中间层模块（模块 B、C、D 所在层次）不能尽早得到充分测试。

关于软件集成测试，当前 IT 行业采取的持续集成方式是越来越普遍的一种优秀测试实践，即团队开发成员通常每天会对新完成的代码至少开展一次集成测试，也就意味着每天可能发生很多次集成测试活动。

5.2.3　系统测试

系统测试是把已完成集成测试的软件与相关的计算机硬件、网络、外设等其他元素，甚至其他软件系统部署在一起进行的测试活动，从系统的角度来检验和寻找缺陷，主要包含功能测试、性能测试、安全测试、可靠性测试、恢复性测试与兼容性测试等。所以，系统测试的对象不仅包括需要测试的软件产品，也要包含软件依赖的硬件、网络、外设甚至某些支撑类软件、数据及其应用接口等。因此，必须将被测软件与各种依赖的元素充分结合起来,在系统实际运行环境下测试。

系统测试的内容主要包括对系统的功能性测试与非功能性测试两大方面。功能性测试主要包括验证系统输入/输出行为的各种测试,一般采用黑盒测试方法。功能性测试的基础是被测系统的功能需求,其详细描述了系统行为,定义了系统必须完成的功能。此外,系统实际运行时还会体现出一些非功能特性,它不是描述系统需要实现什么功能,而是描述这些功能实现时所需要达到的相关指标、参数、属性等,即系统执行其功能时有多好、多快,或执行程度如何等,这些系统非功能特性的表现会对客户的满意度有重大影响。系统测试的主要内容如表 5.3 所示。

表 5.3　系统测试的主要内容

系统测试	测试内容	说　明
功能性测试内容	逻辑功能测试	根据软件规格说明(达到功能)构造合理的输入(测试用例),并输入至软件,检查是否得到期望结果的输出,即使用有限的输入值来测试和验证软件的逻辑(业务)功能
	界面测试	针对用户界面窗口、下拉式菜单和鼠标操作、各类数据项能否正确地显示并输入系统中等方面进行测试
	易用性测试	指从软件使用的合理与方便程度测评软件,以发现该软件不便于用户使用的某些缺陷
	安装/卸载测试	测试系统能否实现正常安装(典型安装/完全安装/自定义安装/中断安装等)与卸载(从程序组里卸载/从控制面板中卸载/中断卸载过程等)
非功能性测试内容	性能测试	检验软件是否达到性能设计的要求,检验系统的性能运行表现。性能测试可进一步分为一般性能测试、负载测试、压力(强度)测试与稳定性测试等。性能测试通常采用自动化测试方法
	安全性测试	验证系统内的保护机制能否在实际运行中保护系统且不受非法入侵和各种非法干扰。在安全测试中,测试扮演的是试图攻击系统的角色,尝试通过外部手段,利用存在的各种漏洞来获取系统密码或进入系统,使用瓦解和攻破任何防守的安全软件来攻击系统,使其"瘫痪",使用户无法访问或有目的引发系统出现错误,或在系统恢复过程中侵入系统
	其他测试	包括对系统的恢复性测试(通过各种手段强制性地让软件系统出错,使其不能正常工作,进而检验系统的恢复能力);兼容性测试(检测软件系统是否能运行在不同的硬件环境和条件下,以及检测各软件之间能否正确地交互及共享信息);数据转换测试(检测数据转换能否在运行于同一计算机上的两程序间进行,数据能否通过互联网远距离链接的两程序间正确运行);文档测试(检测文档和系统行为是否一致);可维护性测试(检测系统是否具备模块化结构,评估文档的可维护性及是否为最新版本等)

注:关于功能性测试内容中的易用性测试,由于该项的测试主观性较强,实际中不同用户可能会对易用性的理解有所不同。

5.2.4 确认测试

确认测试也称为有效性测试,即验证软件的有效性。测试人员对照软件需求规格说明书,验证软件的功能、性能及其他特性是否完全符合用户需求,软件的相关配置是否完全、正确,所开发的软件能否按照用户提出的要求正常运行等。经过检验的软件功能、性能及其他要求均已满足需求规格说明书的规定,即可被认为是合格的软件。当然,在确认测试中,若发现软件实际运行状况与用户需求有相当程度的偏差,需要得到各项缺陷清单,在交付期之前修改与纠正发现的缺陷与问题。通常确认需经过开发者与用户协商,以共同确定确认测试的准则。

也有一些软件企业的测试部门把确认测试称为合格性测试,若达到上述要求,则认为开发的软件是合格的。

在此简要说明一下回归测试的概念。也就是说,软件或程序被发现有缺陷或发生变更时,程序都将被修改。程序被修改后重新测试的过程,称为回归测试。回归测试也是一种确认测试,具体地说,是程序在被修改后的(重新)确认测试的过程,目的是检查本次修改后有没有引入新的缺陷。回归测试可运用于任何测试阶段:单元测试、集成测试、系统性测试和验收测试阶段。

相对而言,回归测试的工作量较大。当通过执行测试用例来实施回归测试时,所设计的测试用例(集)需要包括以下 3 种不同类型。

① 能测试软件所有功能的代表性测试用例。
② 针对可能会被本次修改所影响的其他模块功能的附加测试用例。
③ 专门针对修改过的软件模块(部分)的测试用例。

5.2.5 验收测试

验收测试是软件交付用户使用之前的最后一项测试活动,也称为交付测试。验收测试是按照软件开发方与用户之前签订的开发合同、任务书或相关验收标准,对整个软件进行最终测试与评审。在确保软件一切准备就绪的前提下,看能否完全可以达到让用户执行软件的既定功能与任务的目标。

α 测试与 β 测试是目前很多软件企业广泛使用的两种验收测试方式。

(1) α 测试。

α 测试是用户在软件开发环境下(现场)进行的测试,也可以是开发机构内部的用户在模拟实际操作环境下进行的测试。即开发者坐在用户旁边,在开发者受控的环境下进行测试。由开发者随时记录错误情况和使用中的问题。当然,也可以让软件企业组织的内部人员(包括测试人员)模拟各类用户,从用户的思维方式与使用角度出发,对即将投入运行的软件产品进行测试,试图发现错误并修复。α 测试安排在软件企业内部(软件开发现场)执行,关键在于尽可能逼真地模拟用户在实际运行环境下对软件的操作,并尽可能多地涵盖未来所有可能的用户操作方式。

(2) β 测试。

β 测试是软件企业让用户在日常工作中实际使用即将投入市场的软件产品,用户试用软件一段时间后,要报告所发现的异常情况,提出产品改进意见。

β测试是用户在实际使用环境下的测试活动,不受企业开发人员的控制与干预。很多知名软件企业向市场投入正式产品之前,会先推出一个有使用时间限制的产品免费试用版本(β版本),让用户免费试用一段时间。然后,软件企业针对用户反馈的问题进行修复和完善。

一些大型通用软件正式发布前,通常需要执行α测试和β测试,目的是从实际终端用户的使用角度测试软件的功能和性能,发现可能只有最终用户才能发现的错误。

此外,杨怀洲[①]还提出了验收测试的有关注意事项。

① 验收测试前需要编写正式的验收测试计划,明确通过验收测试的标准,测试通过标准应当由用户确认。

② 验收测试必须在最终用户的实际使用环境中进行,或者尽可能模拟用户的实际运行环境,避免环境差异导致无法发现软件的一些潜在问题。

③ 验收测试应着眼于软件的业务级功能,而不是软件的所有细节功能。必须面向用户,从最终用户使用中的业务场景出发,以用户可以直观感知的方式进行,使用黑盒测试方法,避免涉及过多的开发内部细节。

④ 面向特定工作单位的项目类软件的验收测试,一般由用户和开发方的测试部门共同完成;面向公众、由开发方自行研发的产品类软件的验收测试,应当由开发方的测试部门、产品设计部门、市场部门和产品售后服务部门共同参与完成。

当然,验收测试也决定了用户是否接收或拒收该软件。验收测试安排通常由开发方与用户协商,并在验收测试计划中规定和说明。

5.3 软件测试模型

软件测试模型也称为软件测试过程模型,即在测试实践的基础上有机结合相应的软件开发活动,总结和抽象出的一系列测试活动规律。与软件开发过程一样,软件测试过程同样遵循软件工程原理与管理学思想等。软件测试行业蓬勃发展的同时,对软件质量的关注也接踵而来。目前,软件的质量控制越来越难,软件测试模型作为保证软件测试工作效率和质量的结构框架,需通过强化和改进来适应不断复杂化的软件开发过程。

5.3.1 传统的软件测试模型

传统的软件测试模型主要有 V 模型、W 模型、X 模型、H 模型与前置模型。

1. V 模型

V 模型是一个广为人知的软件测试模型,于 20 世纪 90 年代提出,如图 5.9 所示。在 V 模型中,从左到右描述了基本的开发过程和测试行为,为软件的开发人员和测试管理者提供了一个极为简单的框架。V 模型的价值在于它非常明确地标明了测试过程中存

---

① 杨怀洲.软件测试技术[M].北京:清华大学出版社,2019.

在的不同级别,并且清楚地描述了这些测试阶段和开发过程期间各阶段的对应关系。

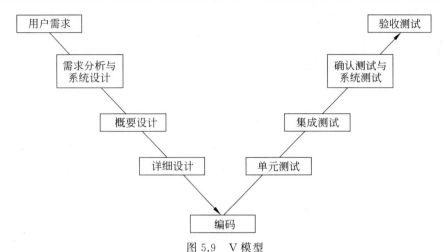

图 5.9　V 模型

V 模型中各个测试阶段的执行流程如下:单元测试是基于代码的测试,最初由开发人员执行,以验证其可执行程序代码的各个部分是否已达到了预期的功能要求。集成测试验证了两个或多个单元之间的集成是否正确,并且有针对性地对详细设计中所定义的各单元之间的接口进行检查;单元测试和集成测试完成之后,系统测试开始用客户环境模拟系统的运行,以验证系统是否达到了概要设计中所定义的功能和性能;最后,当技术部门完成了所有测试工作,由业务专家或用户进行验收测试,以确保产品能真正符合用户业务上的需要。

尽管 V 模型清楚地描述了测试阶段和开发过程期间各阶段的对应关系,然而测试活动与开发活动在模型中被划分成具有固定边界的不同阶段,并且难以逾越,各测试活动之间的联系也不甚明确,并且无法从不同的测试阶段之间进行测试活动信息的分析与综合。此外,V 模型也未能体现出测试设计与规划过程,整个测试活动在模型中仍然是作为软件开发过程中的一个附带阶段,具有软件瀑布模型所存在的缺陷。

2. W 模型

W 模型是 V 模型的发展,相对于 V 模型而言较为科学,如图 5.10 所示。模型左半部分表示测试工作在早期的软件开发过程就需要启动,不仅需要着手测试计划及相应测试管理工作,还同时进行其他活动。

W 模型的优点即遵循了基于"尽早和不断地进行软件测试"的原则,强调测试过程伴随整个软件开发周期,而不是某个阶段。测试对象不局限于程序本身,同样需要测试软件需求、规格说明及功能设计等相关因素。软件测试与软件开发活动可以同步进行。

W 模型有利于尽早发现软件中存在的问题,但同样存在一些局限性。在 W 模型中,软件测试与软件开发始终保持的是一种线性关系,软件开发被视为需求、设计、编码等一系列串行活动,不支持测试迭代及变更调整等活动。在实际的软件开发过程中,开始阶段往往无法完全确定拟开发系统需求,项目需求变更频繁,缺乏完善的项目设计文档。所以

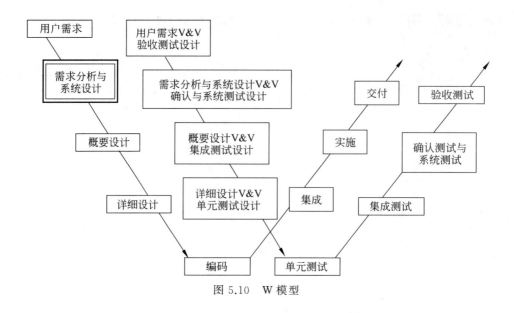

图 5.10 W 模型

W 模型不能有效地消除软件测试管理过程中遇到的困惑。重要的是,W 模型不能提供完善的设计文档的支持。

3. X 模型

X 模型对 V 模型和 W 模型进行了相应改进,如图 5.11 所示。X 模型左边描述的是对单独程序片段进行的相互分离的编码与测试,即不断进行频繁的交接,通过集成最终成为可执行的程序,再对其进行测试活动。它把通过集成测试的成品进行封装,然后提交用户,也可以作为更大规模和范围内集成的一部分。在 X 模型的右半部分,多根并行的曲线表示变更可以在各个部分发生。其强调了可以对单独的程序段进行独立的编码与测试,不断进行频繁的交接,通过集成最终成为可执行的程序,再对其进行测试活动。

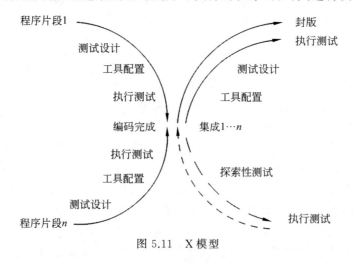

图 5.11 X 模型

X 模型的亮点是清楚地描述了测试阶段过程,并且定位了软件探索性测试。软件探索性测试是不需要进行事先计划的一种特殊类型的测试,可以帮助经验丰富的测试人员在测试计划之外发现更多的软件错误。但是 X 模型的局限性体现在过分关注了被测对象的低级别(程序级别)行为,没有描述出一个完整的软件开发周期活动,没有指明软件测试各阶段要进行相应的测试设计工作,也没有明确的需求角色确认活动。所以,X 模型本身不能抽象出一个完整的软件测试过程模型。此外,应用 X 模型对于测试人员的技能要求较高。不断地进行编码、测试等迭代活动,会造成测试成本的增加。

4. H 模型

H 模型也是对 V 模型的改进,如图 5.12 所示。在 H 模型中,测试活动作为一个独立流程,与其他开发(或测试)流程并发进行,贯穿整个软件开发周期。测试条件一旦成熟,完成了测试准备活动,即可开展测试执行活动。

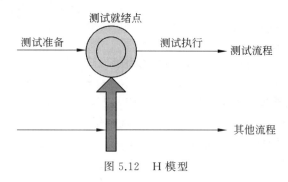

图 5.12　H 模型

在 H 模型中,当某个测试点准备就绪,即可以从测试准备阶段进行到测试执行阶段。H 模型反映出一个独立的流程,贯穿于整个产品周期中,并且可以与其他任意的流程(例如设计流程、编码流程等其他非测试流程,甚至可以是测试流程本身)并发进行。只要某个测试时间点就绪,软件测试即从测试准备阶段进入到测试执行阶段。

H 模型强调了软件测试的独立性,演示了在整个软件生命周期中某个层次上的一次测试"微循环"。但是,H 模型没有明确软件开发过程中各具体测试活动流程,即没有把软件开发过程中的测试活动流程具体化,也未能提出测试活动如何与开发流程发生交互活动。

5. 前置模型

前置模型是在 V 模型与 X 模型的基础上提出的,是把软件测试和软件开发紧密结合在一起的测试模型,如图 5.13 所示。

前置测试模型把软件开发和测试的生命周期有机整合为一体,可以对开发活动中的每一个可交付产品进行测试。它满足技术测试与验收测试相独立的要求,也标识出软件生命周期自开始到结束的关键行为活动。但是着眼于整个软件生命周期,前置测试模型依旧采取了"先开发后测试"的过程模型。开发活动和测试活动尽管对应了起来,但是并没有很好地与实际接轨,不适合因需求变更频繁而采用原型开发项目的测试过程。前置模型过于烦琐复杂,也不适合中小型项目的测试工作。

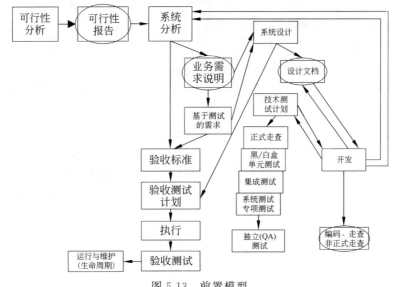

图 5.13　前置模型

在以上介绍的 5 种传统的软件测试模型中,测试活动通常是作为软件开发的一个(子)过程,被附加在开发过程的某个阶段中,并且被错误地视为软件开发活动的一种事后行为。各测试阶段无法体现出一定的关联性,也未能较好地与开发活动交互。软件测试活动由软件开发驱动,未能起到应有的平衡作用。

5.3.2　软件测试改进模型

在不断的实践过程中,测试人员积累了经验教训,提出了很多新的软件测试模型,有效指导软件测试工作。例如,基于上述 5 种传统软件测试模型的局限性,近年来不少专家学者对其进行相应的改进和优化,或者结合实际测试项目特点设计出新的测试模型,并予以应用。改进模型大都遵循“测试先行”的思想,测试与开发活动有效交互,并贯穿于软件生命周期中。各测试活动之间以及与开发活动的关联性在改进模型中也有一定程度的体现,这对提升软件测试质量和效率都有很大的影响。这里仅简单介绍几种软件测试改进模型及其应用情况,更多深入性内容可以参阅编者[①]撰写的文献资料。

1. 并行 V 模型

并行 V 模型是对传统 V 模型的一种改进,由中国科学技术大学周学海[②]等人提出,如图 5.14 所示。模型的改进主要着眼于实际项目测试,当较高层次测试阶段(如系统测试、验收测试)发现的软件缺陷有可能会把问题引入较低的测试层次中(单元测试),缺陷修复后往往要回溯到单元测试阶段,进行回归测试检测。

---

① 余久久,张佑生. 软件测试改进模型研究进展[J]. 计算机应用与软件,2012(11):201-207.

② 周学海,陈蓓蓓. 软件测试过程模型的改进:并行 V 模型[J]. 计算机工程与应用,2005(9):125-127.

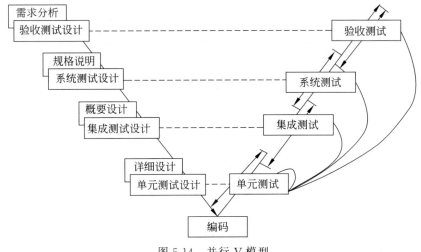

图 5.14　并行 V 模型

该模型的显著特点是允许相邻测试阶段并发执行,各测试流程的执行时间在一定条件下有所重叠,提高测试效率。例如,把作为子系统一部分的模块的单元测试内容延迟至对该子系统集成测试阶段中进行。此外,并行 V 模型增加了从各个测试阶段指向单元测试的箭头,表示在该阶段发现并修改错误以后回归测试的范围要从单元测试开始。

并行 V 模型本着"错误越早发现,修复成本越低"的测试原则,在一定程度上可以解决测试需求变更频繁的问题。但是模型局限性在于纯粹从测试活动的角度去探讨各测试流程的相互关系,忽视测试流程与开发过程之间的交互准则及交互关系等。

2. 改进 V 模型

东北电力学院曲朝阳[①]等人同样对传统 V 模型进行改进,提出了另一种改进的 V 模型,如图 5.15 所示。

改进后的模型保留了传统的 V 模型框架,但是模型左边的一系列开发活动(需求分析、设计、编码等)不遵循完全相互独立的原则,而在一定程度上并行或交错。模型右边的各测试流程与左边相应的开发流程有所交互。例如,在设计阶段(详细设计进行了约二分之一),工作逐步移至单元测试用例的设计中;在编码阶段并行执行单元测试用例,着手已集成(或可集成)的模块的集成测试等。

该模型中增添了把执行测试用例(包括错误)反馈给开发人员,然后根据改正情况修改、重复执行测试用例的过程。测试人员可以及时修改和完善因后阶段开发结果变更而受影响的前一阶段设计的测试用例,并予以维护。

改进 V 模型的优点主要体现在测试与开发活动的交互行为。例如,把制订、设计测试计划和编写测试用例工作与软件开发过程中的需求分析、软件设计和编写代码工作并行,克服了测试工作的盲目性。在系统设计过程中能够不断地对已有测试用例进行回溯

---

①　曲朝阳,薛亮,骆伟. 一种新的软件测试过程框架模型的应用与分析[J]. 东北电力学院学报,2005(8):2-4.

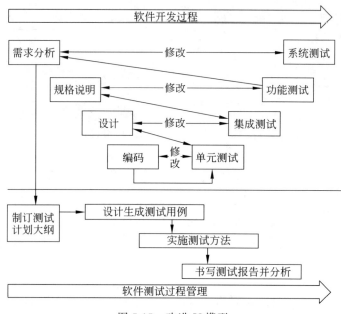

图 5.15　改进 V 模型

与修改,确保最终的测试用例(集)是基于系统最新发布版本的。

3. 基于行为的模型

基于行为的模型主要是对传统 W 模型进行改进,由华中科技大学陆永忠[①]等人提出,如图 5.16 所示。该模型的显著特点是把"测试规格说明"同时贯穿于测试与开发两个并行的过程中。着眼于"软件测试是一定义与组织的过程"的思想,本着"测试活动尽早介入软件开发过程中,有效结合测试计划制订、测试用例设计、测试执行及结果分析等测试流程"的测试策略,运用了使用测试场景和基于使用测试用例的建模技术。

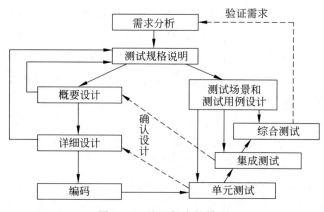

图 5.16　基于行为的模型

---

①　陆永忠,宋骏礼,谷希谦. 基于行为的软件测试过程模型的研究[J]. 计算机应用,2007(5):1238-1239.

　　软件需求阶段之后得出完整的测试规格说明是该模型的基础,在此基础上进行测试场景、测试用例设计,与开发同时进行,测试规格说明在开发过程中不断得到优化与改进。通过测试场景和测试用例进行单元测试,确认详细设计,通过集成测试确认概要设计,通过综合测试验证需求。

　　基于行为的测试模型要求测试人员从最初就参与软件开发的全过程,测试计划、测试设计、测试执行、测试结果分析、回归测试等各个阶段的元素在模型中得到体现。该模型有利于更早地发现需求设计上的错误,亦能有效地选择回归测试的测试用例。

4. X 改进模型

　　汕头大学熊智[①]等人针对传统 X 测试模型结构松散以及不够严谨的局限,提出了一种 X 改进模型,如图 5.17 所示。

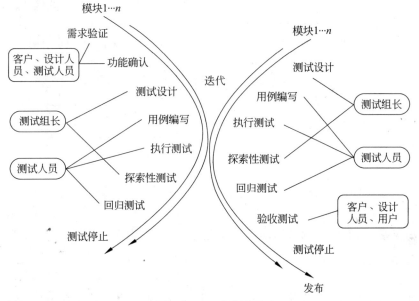

图 5.17　X 改进模型

　　X 改进模型遵循传统 X 模型的框架,但是增加了迭代测试与回归测试。模型同样分左右两部分,每部分内部对测试活动的执行次序做出相应调整。模型左半部分(模块单元测试活动)与右半部分(模块间的不断交接,逐步进行集成测试)分别增添了探索性测试和回归测试流程,并要求至少两个模块单元测试结束后才开始集成测试。模型两个部分的测试过程要求用户与客户不同程度地参与,并且定义了测试活动中各测试流程所对应的人员角色及任务分配。

　　该模型对各阶段的测试工作进行了验证,提出了测试终止条件,尽可能多地适用于各种具体情况下的项目测试过程。

---

①　熊智,刘莉,雷钰锋,等. X 测试模型的改进与应用[J]. 计算机工程与设计,2011(8):2748-2751.

X 改进模型的主要优点在于模块的单元测试及集成测试过程中允许迭代测试过程。在某个测试阶段遇到问题时,可以回溯到之前测试的任一阶段,有效地解决因需求变化而导致测试变更的问题。此外,模型要求对软件需求验证及系统设计工作在测试前期完成,从而确保产品代码实现与客户要求相吻合。产品集成测试的最后阶段加入了验收测试过程,客户和用户一起参与到验收测试中,以确定开发的系统是否满足客户需求。

5. 迭代测试模型

国防科技大学陈小勇[1]等人提出了一种迭代测试模型,如图 5.18 所示。该模型设计基于软件开发各活动流程交叉进行的特点,测试活动不必遵循一定的顺序关系。当某个测试达到准备测试点时,测试活动就可以开展,同时各层次的测试(单元测试、集成测试、系统测试等)是存在反复触发与迭代关系的。模型由文档级测试与软件级测试两个阶段组成,通过引入测试准备点和测试结束出口作为每次迭代测试活动的起始点。

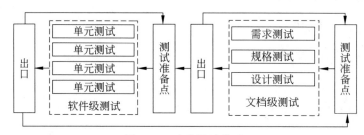

图 5.18   迭代测试模型

迭代测试模型明确区分了测试活动中的文档测试与软件测试,测试准备与图中的各项测试执行活动(如需求测试、规格测试等)也清晰地体现出来。其主要优点在于保证了测试活动的灵活性,不同的测试活动可以反复进行,不必拘泥于先后顺序。

6. Y 测试模型

华中师范大学杨晶利[2]提出了一种在软件工程敏捷开发模式下(组成)形状像"Y"字的 Y 测试模型,如图 5.19 所示。该模型融合了软件工程敏捷方法中的"测试驱动"思想,描述了一个迭代开发周期内,即从需求至软件产品提交用户过程中历经的各测试活动。

该模型的主体思想即结束了某次迭代开发周期内的详细设计后,开发人员进行单元测试用例代码的编写。通过单元测试用例代码设计模块,并进行单元测试,直至模块功能正确且符合用户需求。集成测试在开发人员完成对单元测试模块的集成工作后进行,可以适当地与未完成单元测试的模块进行的单元测试过程并行开展。该过程中可以修改或重构单元模块代码,直至所有模块的集成通过测试验证。回归测试在被测模块提交用户之前进行,在修改或重构可能存在的错误以后再进行测试。最后用户进行验收测试,若发现问题,则反馈给开发人员,由其对问题进行验证、修改,测试人员进行回归测试。用户验

①   陈小勇,尹刚,史殿习. 软件测试模型分析与研究[J]. 现代计算机,2008(5):22-25.
②   杨晶利. 一种敏捷开发模式下的 Y 测试模型的应用研究[D]. 武汉:华中师范大学计算机学院,2009.

收，直至产品满足客户需求。

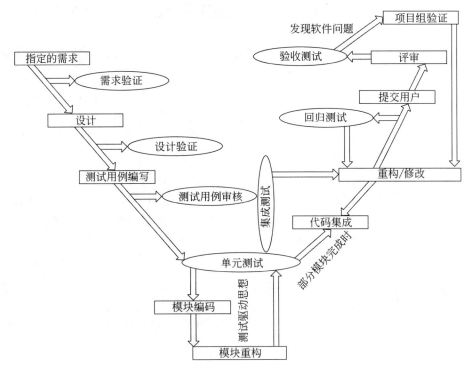

图 5.19　Y 测试模型

　　Y 测试模型的优点在于单元测试用例根据用户的需求提前设计，然后由此编写模块代码，接着通过单元测试，在早期阶段可以发现模块的问题，有效保证了模块的质量。模型允许单元测试与部分模块间的集成测试并行开展，减少测试时间。测试人员参与需求验证和设计验证，站在用户角度可以发现更多问题。

　　以上介绍了一些简单的软件测试改进模型。随着人们对软件质量的重视程度越来越高，在传统测试模型的基础上会设计出更多的测试改进模型。在这些改进的测试模型中，测试活动具有独立的操作流程，只要具备测试前提，就可以着手进行测试工作，测试与开发活动的交互也都得到较好地体现。测试对象不再等同于仅对软件代码部分的测试，软件的需求、设计、架构等方面亦是全方位的测试范畴。测试迭代思想贯穿于整个测试过程，通过实际测试项目实现不同测试活动之间的并行性，提高测试效率。作为测试活动的指导，设计测试用例的重要性不言而喻。上述不少改进测试模型在单元测试、集成测试、验收测试等诸阶段均引入测试用例设计环节，并通过有效选取用例确定回归测试的范围。专门的测试团队进行测试用例的设计、执行、分析与评审，并行于开发过程，可以在开发初期发现更多错误，避免前一阶段的错误引入后一阶段而带来"放大"效应，从而保证测试高效性。

5.4　软件敏捷测试

随着软件行业的飞速发展,用户应用的业务系统愈加复杂,传统的软件开发模型已经无法适应市场的变化。早期的软件开发模型(如瀑布模型)严格遵从软件生命周期,从需求调研开始,经历项目可行性分析、需求分析、设计、开发、测试发布、运营维护直至软件消亡结束,对于软件功能简单、业务复杂度低的软件完全适用。但如今的互联网产品往往都比较复杂,并且要求上线时间快,传统的软件开发模型注重文档、严控过程的特点渐渐脱离了软件工程的本质,逐步被新的模式替代。

确切地说,"敏捷"是一种思想,是针对传统的注重文档的"重量级"瀑布软件开发过程的弊端提出的一种软件开发思想,是应对需求多变的适应性产物。基于这种"敏捷"思想的软件开发方法适用于对开发初期需求不明确(不稳定、经常变更)的软件项目的开发,具有快速适应系统需求变更、适应性强的特点。

5.4.1　敏捷开发——Scrum 模型

敏捷开发,是以用户需求进化为核心,采用迭代、循序渐进的方法进行软件开发。简化文档,关注用户核心价值,简化流程,关注目标结果。在敏捷开发中,软件项目在构建初期被切分成多个子项目,各个子项目的成果都经过测试,具备可视、可集成和可运行使用的特征,逐步满足用户期望。通俗而言,敏捷开发就是在化整为零、逐个击破、循序迭代的开发过程中保证软件系统始终处于可用状态。所以,敏捷开发是一种面临需求迅速变化的快速开发软件的方法,以用户的需求进化为核心,采用迭代、循序渐进的方式完成软件开发过程。

作为敏捷开发的具体操作代表,Scrum 模型是目前 IT 界采用较多的软件敏捷开发方法。

1. Scrum 模型角色

Scrum 模型如图 5.20 所示,主要涉及 3 个角色:产品负责人、Scrum 开发团队和Scrum Master。

(1) 产品负责人。

通常理解为产品经理,必须具体到确定的人。其负责调研市场,分解用户需求,实现用户价值。在 Scrum 模型中,产品负责人需要将用户需求细化为拟开发软件产品的待办事项列表,所有用户需求的变更、调整都必须由产品负责人审批决定。产品负责人是负责管理软件产品从设计、开发直至发布整个过程的唯一责任人。

(2) Scrum 开发团队。

团队成员主要包括系统架构设计师、程序员、UI 设计人员、测试人员等,负责在每个开发迭代周期(Sprint)的结束之际交付可发布的、可应用的产品(软件程序)的增量部分,以保证每个开发迭代能够顺利完成。Scrum 开发团队是一个围绕软件产品研发的项目型组织团队,通常也是一个跨职能的团队,团队中不再划分开发组、测试组等子团队,所有成

图 5.20　Scrum 模型

员都属于开发团队,人数一般不超过 10 人,其中不包括产品经理及 Scrum Master。

注:关于开发团队,目前 IT 业内一直有个争论,即在 Scrum 开发团队中是否需要设置项目经理角色,因为产品负责人往往也能起到项目经理的作用,同时负责软件项目的计划、组织、领导、控制等管理过程。但是也有观点认为,某些软件企业在 Scrum 模型未能完美应用的时候,开发团队中还是应当设有项目经理角色,进行引导和监督。

(3)Scrum Master。

确保 Scrum 开发团队自始至终遵循 Scrum 理论、实践和基本规则的负责人,以确保 Scrum 模型及其流程能够被团队成员正确地、一致地理解并有效实施。需要注意的是,国内引用 Scrum 模型时,通常不对 Scrum Master 做相应翻译,建议初学者可以把 Scrum Master 理解成产品负责人以及为 Scrum 开发团队提供有效指导与服务的负责人。

Scrum Master 必须服务于产品负责人与敏捷开发团队。威链优创[①]详细归纳出 Scrum Master 的具体工作,如表 5.4 所示。

表 5.4　Scrum Master 的具体工作

服 务 对 象	工 作 内 容
服务于产品经理	辅助产品经理提取、细化并优化产品待办事项列表
	协助产品经理传达产品目标,清晰用户价值
	帮助产品经理理解并实践敏捷,从而推动整个团队掌握敏捷流程
	在管理者的明确授权下,按需推动 Scrum 活动,优化研发体系

续表

服 务 对 象	工 作 内 容
服务于 Scrum 开发团队	指导开发团队构建自组织和跨职能的团队
	引导开发团队迭代实现用户价值
	解决敏捷过程中可能出现的问题,并保证流程是正确的、高效的
	在管理层、产品经理的明确授权下按需推动 Scrum 活动,优化开发模型
	培训开发团队,推进 Scrum 实践

2. Scrum 模型要素

(1) 用户故事(User Story)。

在 Scrum 模型中,不是说不开展需求分析,而是把用户需求以简单的用户故事(User Story)形式加以表述,从用户使用的角度来描述拟开发系统能够实现的业务功能。

用户故事包含 3 个关键要素:角色、活动、(商业)价值。初学者可以这样理解一个用户故事的含义:作为某一个“角色”,我想要该系统“做什么活动”,它能够帮我实现“什么价值”。例如,某考试系统能为学生用户提供以输入本人学号的方式来查询其考试分数,如果采用用户故事的形式来描述该功能的需求,即角色＝学生用户,活动＝输入本人学号,价值＝查询考试分数。这样从用户视角出发,使用用户故事,可以借助可理解的语言方便地描述相应的用户需求。需要说明的是,用户故事需要遵循“言简意赅”的原则,描述时不可使用“或者”“并且”等词语,对于一些描述语句复杂的用户功能需求,需要拆分成多个单一的用户故事,尽可能保证每个用户故事之间的独立性。

例如,考试系统的某功能需求如下:学生用户可以输入自己的学号或姓名来查询自己的考试成绩,则应该采用 2 个用户故事的形式描述该功能的需求。

用户故事 1:角色 1＝学生用户,活动 1＝输入本人学号,价值 1＝查询考试分数。

用户故事 2:角色 2＝学生用户,活动 2＝输入本人姓名,价值 2＝查询考试分数。

(2) Sprint。

Sprint 可以理解为工作(迭代)周期,Scrum 模型中的一个周期通常为 1～4 周时间。Scrum 模型以软件迭代开发的形式,把整个软件产品的开发过程分解成若干个迭代周期。一旦确定工作周期,将保持不变(除非有很大的风险产生,不得不做调整时)。当每一个工作周期结束后,必须要发布(产生)一个基于原软件产品基础上的、可运行的、可用的、能够实现用户价值的软件产品增量。在一些敏捷项目管理平台中,新的工作周期在上一个工作周期完成发布之后立即启动迭代。

在 Scrum 模型中,产品负责人会把需要实现的用户需求分解成若干个用户故事,并确定出相应的(开发)优先级,根据优先级设定每一个工作周期的工作内容,并实现每一个周期包含的用户故事(或当作一个项目来运作)。通常,很多软件公司把一个工作周期只设置为两周左右的时间,第一周进行设计与开发,第二周进行测试,同时制订出第二个工作周期的工作内容,以此类推,反复迭代,最终形成最终的软件产品。

注：在当今互联网行业的发展浪潮中，在软件产品开发过程中，用户需求变化（变更）都是呈现增量趋势的，且不可控，开发风险较大，所以 Scrum 模型中每个工作周期不能太长。

（3）每日站会。

每日站会也称作每日站立会议，即敏捷开发团队的所有成员，每天在固定地点、固定时间内采用站着开会的形式，讨论项目进展状况，通常不超过 15 分钟。每日站会是 Scrum 中的一个重要制度，目的是让所有人了解其他人在做什么，让项目组内部的员工互相了解彼此的进展，从而了解本项目的整体进展情况。

每日站会是团队交流会议，不是长篇累牍的会议报告或会议讨论，更不是会议争论（辩论）。加之时间有限，所以讨论内容不能是与敏捷项目开发无关的话题，更不能是无休止的争论。每日站会是 Scrum 模型中进行每天工作检查和调整的重要环节，对于过程中出现的问题，应当在会后及时跟进并解决。

每日站会实际上是 Scrum 开发团队的内部会议，由团队自行组织，会议内容可以是总结过去，发现问题，提出改进措施；了解现状，明确下一步的目标；任务分配，确定当天的工作计划等。

当前，国内许多软件企业的 Scrum 开发团队都要求每日站会必须站着开，大家围成一圈，如图 5.21 所示。每个人都要精神集中，不能懒散。团队中每个人回答 3 个问题：我昨天完成了什么任务？我今天打算做什么任务？我遇到了哪些障碍或困难？同一时间只能有一个人发言，其他人不能插话。会上每人只说和这 3 个问题相关的话题，对任何跑题的讨论需要被 Scrum Master 及时制止。对一些的确需要讨论的问题，可以先记录下来，会后作为专题来讨论。

图 5.21　Scrum 的每日站会

《软件测试技术实战教程——敏捷、Selenium 与 Jmeter》（威链优创 编著，人民邮电出版社，2019）一书中还提出，每日站会不能是每个成员发表自己的工作状态、内容及困难，而应该根据任务分配召开会议，即以任务驱动，而非角色驱动，这样的做法更便于目标明确及问题发现，及时进行调整、优化。

3. Scrum 执行流程

Scrum 模型基于软件迭代开发,模型中的一个工作周期的标准执行流程大致如下。

① 收集待开发软件产品的 Backlog(待办事项),并形成待办事项列表。每一个待办事项以用户故事的形式呈现。产品经理根据用户需求、市场需求、产品定位等信息汇总出所有待办事项,并为每个待办事项确定相应的优先级。

② Scrum 开发团队选取相应的待办事项,把其加入到即将进行的 Sprint 中。需要注意的是,开发团队挑选待办事项的时候,需要根据开发团队的人力资源来选择数量,在 Scrum Master 的监督下按照优先级从高到低的顺序来挑选。

③ Scrum Master 参与到开发团队中,执行工作周期,完成本次工作周期中所有待办事项的开发活动。

注:在一个工作周期期间,站立会议要求每日都要举行。

④ 当一个工作周期结束后,Scrum 开发团队需要把本次迭代周期内开发出的、可运行的、并通过测试的软件产品(版本)交付给产品经理验收,完成上线发布。

⑤ Scrum Master 负责总结本次工作周期活动(例如哪些方面做得好,哪些方面做得不好,后续应该如何做等内容),为接下来的工作周期工作做好准备。当前,也有一些软件公司认为,工作周期的总结大会是由 Scrum Master 负责的,在其他环节中,Scrum Master 的作用不大,仅作为一名指导者而存在。

5.4.2　敏捷测试——Scrum 流程

严格地说,业内并没有完整的关于敏捷测试的定义。敏捷测试是为了顺应软件敏捷开发方法而提出的一种测试实践活动,其作为敏捷开发的组成部分,能够适应敏捷开发的流程。与传统测试的区别主要在于,软件测试不再是一个独立的阶段,测试活动是融入软件开发过程的一个组成部分。也就是说,Scrum 模型中的每一个工作周期内也包含相应类型的测试活动。

当前,很多软件企业采用的敏捷测试流程还是以敏捷开发 Scrum 模型为基础,如图 5.22 所示。

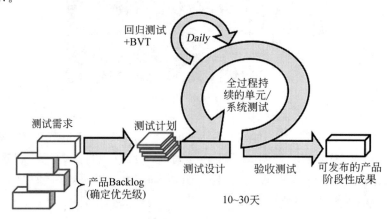

图 5.22　敏捷测试 Scrum 流程示意图

在图 5.22 所示的敏捷测试 Scrum 流程中,"回归测试＋BVT"表示"回归测试与构建验证测试(BVT)"相结合,Daily 表示"每天(每日)"的意思。也就是说,一般情况下,用户测试需求每天都可能发生变更,那么每天都要进行回归测试与构建验证测试相结合的测试活动。

Scrum 团队成员在一个周期内参与单元测试,需要关注持续迭代的软件产品新功能,针对这些新功能进行足够的验收测试,而采用自动化测试的方法对软件产品的原有功能进行回归测试。敏捷测试中的一个 Sprint 周期时间很短(通常不超过 2 周),测试人员需要尽早开展测试活动,包括及时对用户需求、开发设计等方面进行评审,并能够及时对测试结果进行反馈。此外,朱少民[①]还从人员角色、测试计划、测试活动、测试目标、缺陷关注以及测试自动化方面对软件敏捷测试与传统测试做了详细的比较,如表 5.5 所示。

表 5.5　软件敏捷测试与传统测试的比较

内　　容	区　　别
人员角色	传统测试强调对"开发人员"与"测试人员"的角色划分;敏捷测试中可以没有"专门"的测试人员,强调整个开发团队对软件产品质量负责
测试计划	传统测试强调测试的计划性(先制订测试计划,再执行测试);敏捷测试强调测试速度与适应性,侧重计划的不断调整,以适应用户需求的不断变化
测试活动	传统测试强调测试的阶段性(从需求评审、设计评审、单元测试、集成测试、系统测试等方面划分);敏捷测试强调持续测试、持续的测试(质量)反馈
测试目标	传统测试强调"验证"与"确认";敏捷测试强调以用户需求为中心,把"验证"与"确认"统一起来
缺陷关注	传统测试强调随时记录所发现的软件缺陷;敏捷测试关注软件产品本身,关注可以交互的用户价值
测试自动化	传统测试对自动化测试的依赖程度不是很高(通常情况下,软件的开发周期较长,手工测试能够取代自动化测试);敏捷测试的持续性要求自动化测试的程度较高(例如,往往几天之内需要完成整个的验收测试,包括对于增加新功能后的回归测试),自动化测试是敏捷测试的基础

注：根据图 5.22 所示的敏捷测试 Scrum 流程示意图,真正开展软件敏捷测试时,需要注意以下几点。

① 在测试需求阶段,需要从该软件产品能为客户带来的价值及其价值优先级方面制定出产品待办事项。在考虑产品待办事项优先级方面,还要认真研究产品与用户行为的联系、产品质量需求、与市场上同类(竞争)产品比较的优缺点等。

② 设计与编码之前,每一项产品待办事项的任务结束要求(验收标准)一定要明确,这样在短期内可以迅速做出测试通过或失败的判断。

③ 在每一个工作周期阶段,Scrum 团队除了要完成每个产品待办事项所规定的任务,开发人员编写的每一个代码组件(代码块)要具备可测试性。在完成单元测试的基础上,对于每一个代码组件,还应该进行持续集成测试或构建验证测试(Build Verification Testing,BVT)。由于开发周期短,针对新功能可以尝试采取探索式测试,对增添新功能

---

① 朱少民. 软件测试[M]. 2 版. 北京：人民邮电出版社,2016.

后的软件产品做回归测试,同时开发验收测试的脚本(为验收测试做准备)。

④ 验收测试一般可由自动化测试工具完成。但是对于软件产品的易用性、关键业务场景等方面,还是建议以手工测试的方式完成。

敏捷测试 Scrum 流程要求测试人员与开发人员工作更紧密,非正式的直接沟通(例如每日站会)成为一种常态。测试以最终用户为准,辅以用户场景或用户故事,作为测试的依据。敏捷测试追求快速高效,自动化测试在测试中扮演了很重要的角色,敏捷测试人员辅以探索性测试,跟踪核心业务场景。敏捷测试拥抱变化,测试计划比较灵活,按业务价值交付顺序来执行。

5.4.3　软件敏捷测试案例简介

敏捷开发自诞生以来,在 IT 行业迅猛发展,无论是在国际知名软件企业巨头,还是国内刚起步的中小(微)软件公司,敏捷方法已成为当前软件产品的主流开发方式。同样,敏捷测试也已经广泛地运用于各类软件项目的测试实践中。与传统软件测试不同的是,敏捷测试特别注重用户的体验,将客户意见放在第一位,始终以用户价值为中心,通过不停地迭代来测试整个软件系统的性能,尤其是测试每次迭代开发中新加入的功能,能够在实际应用中取得良好的效果,显著提高软件的质量。近几年,国内许多计算机及软件工程专业的硕士学位论文也都对敏捷测试方法在一些软件信息类项目中的实际应用情况进行了充分研究,感兴趣的读者可以从网络上获取与阅读。基于篇幅所限,本书在这里仅以敏捷测试在某银行软件项目中的实际应用为分析案例[①],供有余力的读者学习。

1. 项目简介

S 银行软件的用户需求变化频繁、开发规模庞大,测试人员经常面临测试周期短、测试任务量大等情况。因此,开展敏捷测试在银行软件领域中的探索和研究,对于应对敏捷开发的挑战,提高测试工作效率,进而提高 S 银行软件交付效率具有至关重要的意义。

2. Scrum 执行流程

(1) Scrum 团队组织结构划分。

根据敏捷开发职责,并结合实际项目特点,把 Scrum 团队组织结构的角色划分为 Scrum Master、产品经理、Scrum 开发团队(含测试人员)与系统架构师。在本项目中,Scrum 团队组织结构的角色及相应工作职责内容如表 5.6 所示。

表 5.6　S 银行软件项目 Scrum 团队组织结构及工作职责

Scrum 团队组织结构角色	工 作 职 责
Scrum Master	统筹各项工作,其职能除了传统项目经理的作用外,还包括把控敏捷开发的方向,促使团队熟悉敏捷测试思维方式,确保 S 银行软件项目顺利推进

---

① 吴俊. 敏捷测试在 S 银行软件项目中的应用研究[D]. 上海:东华大学计算机学院,2017.

续表

Scrum 团队组织结构角色	工 作 职 责
产品经理	负责与客户沟通确定产品需求,维护产品 Backlog,根据每次工作周期迭代情况调整优先级,帮助分析该项目中用户价值最高的部分(软件模块)
开发团队(含测试人员)	负责完成 S 银行软件所有功能代码编写等,完成客户需求的具体转换。开发团队成员也全程参与敏捷测试活动,测试软件功能的缺陷,根据与客户沟通的需求反馈,及时调整测试计划和测试用例
系统架构师	对用户需求充分理解的基础上,结合个人的丰富经验和编程技能,规划设计系统的框架,确定系统层面的功能性和非功能性标准,提高大规模软件系统的可扩展性、安全性、稳定性和可维护性。帮助测试人员更加深入了解整个系统的构造,提高测试的有效性和针对性

注：在实际中,可以针对具体的敏捷测试项目特点,对 Scrum 团队组织结构角色进行相应的改进与优化。

(2) Scrum 团队会议机制。

在本案例中,S 银行软件项目会议制度被优化为 Sprint 迭代阶段会议、每日例会、Sprint 评审会、Sprint 回顾会议,每个会议的议题如表 5.7 所示。

表 5.7　Scrum 团队组会议机制

Scrum 团队会议	会 议 议 题
Sprint 迭代阶段会议	本次迭代开发需要做的工作是什么,本次迭代的工作如何完成。主要内容包含：概括产品 Backlog,对迭代目标进行总体介绍;设置每一个 Backlog 优先级;确认最终的任务列表,并将信息传达给项目干系人;整理 Sprint Backlog 中的条目,细化每个条目,使其成为独立可执行的任务;各开发人员认领各自的任务,团队内部讨论最优的工作流程
每日例会	产品团队(含测试人员)需要了解 Sprint Backlog 存在的困难。首先,开发团队根据 Sprint 迭代阶段会议确认的 Backlog 条目梳理出完成这些任务需要完成的工作,例如代码编写、测试计划等,这些工作的时间细度以 1 天为计算基础,并且将大任务划分为具体的小任务,精细化每一个细节。其次,对于每一个小任务,按照其价值进行优先级排序,确保最重要的事情具有最高的任务级别。最后,开发团队和测试团队人员根据各自分工领取任务,并制定出合理的实施流程,做出必要的风险分析
Sprint 评审会	评审会议主要由项目各个工作小组负责人参加,观看 Sprint 迭代阶段的软件成品,评价本阶段工作
Sprint 回顾会议	总结本阶段工作,为后续工作做准备。回顾会议还需加强发言人员记录,便于下次 Sprint 迭代结束时进行前后比较,查找不足

(3) Scrum 敏捷测试流程。

在一个 Sprint 中,本项目采用的 Scrum 敏捷执行流程如图 5.23 所示。

根据敏捷测试中被检测对象的类型,敏捷测试包含对新增添功能测试和已有功能测试。为了提高快速迭代周期中新功能的测试效果,在一个时间较短的工作周期中,不需要编写详细的测试计划与测试用例,只需要依据本工作周期用户产品待办事项的验收标准

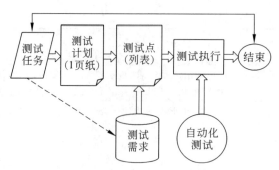

图 5.23　本项目采用的 Scrum 敏捷执行流程

来进行功能和性能的验证。

本案例基于 Scrum 的敏捷测试,每次工作周期迭代都意味着 S 银行软件要添加新功能。随着迭代次数的增加,S 银行软件具备的功能越来越多,这意味着对已有功能做回归测试的范围会不断扩大。然而每个工作迭代周期的时间长度都是不变的,这就要求回归测试需要采用软件自动化测试来提高测试效率。图 5.24 为本案例中所采用的自动化测试方法策略,几点说明如下。

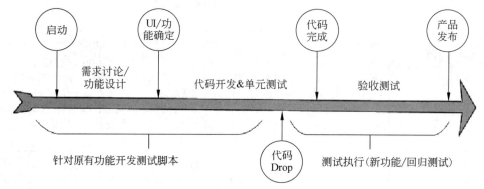

图 5.24　本项目中采用的自动化测试方法策略

① 图中"UI"表示"用户接口","代码 Drop"表示"代码注入(加入)"。在软件产品设计之初和开发底层代码时,即设计适当的自动化测试接口,便于各个迭代阶段进行自动化脚本的开发。

② Scrum 开发团队需要选择一个简单、开放的自动化测试技术平台,设计较为便捷的自动化脚本框架,降低脚本开发难度,减少脚本维护成本。

③ 根据敏捷测试迭代阶段的特点,针对现有软件系统的稳定功能开发自动化测试脚本,即回归测试使用,而对于新添加的软件功能,主要实现单元测试上的自动化,集成测试需要花费一定的精力来进行人工测试。

注:回归测试的策略包括测试团队与开发团队探讨代码关联度,找出必须做回归测试的模块,人工筛选缩小测试范围;测试团队从优先级和风险评估的角度考虑,再次筛选缩小回归测试范围;不间断进行测试,只要有设备和时间,工作周期阶段的已有功能就应被测试。

3. 评价分析

本项目在启动之初,就采用了基于 Scrum 模型的敏捷测试方法,尽管整个项目迭代(开发)迅速,但是工作周期阶段进展顺利,产品能够按时发布。此外,本案中的 Scrum 团队成员之间积极交流,思考问题的角度也不再局限于自己的框架,而是着眼于整个软件系统,确保在下次工作周期迭代过程中减少不必要的工作。

4. 未来展望

敏捷测试需要项目团队中的所有成员都具备敏捷思维,不仅是测试人员和开发人员,项目负责人和产品负责人等都需要熟悉敏捷测试的流程和方法。在敏捷测试中,每次迭代都需要不同团队之间的沟通交流,因此与开发人员、产品人员做好沟通是测试人员需要着重注意的方面。为提高自动化测试的效率,回归测试中的自动化测试脚本开发仍然需要加强,合理的自动化测试技术可以帮助测试人员摆脱低附加值和高重复度的简单测试,转化精力到对测试驱动软件开发的思考中。

5.5　思考与习题

1. 软件测试策略的内容主要有哪些?

2. 传统软件测试流程是怎样的?

3. 软件测试 W 模型的特点是什么?

4. 软件测试 X 模型的优缺点是什么?

5. 在软件测试改进模型中,并行 V 模型与 Y 测试模型的特点是什么?

6. 除了本章提到的一些软件测试改进模型之外,请课外自行查阅相关资料,了解还有哪些软件测试改进模型。

7. 软件敏捷开发的思想是什么?

8. 试描述软件敏捷开发——Scrum 模型的组成要素。

9. 软件敏捷测试 Scrum 流程是什么?

10. 传统软件测试与软件敏捷测试的区别有哪些?

11. 在实际运用敏捷测试 Scrum 流程开展软件敏捷测试活动时,需要注意哪些方面?

12. 已知某软件系统模块结构如图 5.25 所示,请分别采用增式集成测试策略中的自顶向下集成方式、自下向上集成方式以及三明治集成测试策略描述该软件系统中每个模块的集成测试过程。

13. 课外阅读和了解软件敏捷测试及其相关应用案例。

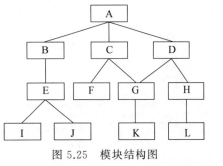

图 5.25　模块结构图

第 6 章

软件功能测试与非功能性测试

本章学习目标

- 认识与理解软件功能测试的概念、策略与流程
- 了解常见的软件功能测试工具
- 学习与掌握软件的一些非功能性测试方面的基础内容
- 了解 Web 网站测试的主要内容

软件测试的最根本目的是为了测试或检验软件能否满足用户需求规定的各项要求,而用户对软件的需求主要体现在功能(性)需求和非功能性需求两个方面。所以,软件功能测试与非功能性测试则是面向用户需求进行测试活动的两个主要方面。如果说软件功能测试是针对软件各项功能"能不能用""够不够用"的问题,那么软件非功能性测试就是针对软件的这些功能"好不好用""是否方便用户使用"的问题。可见,软件的非功能性测试是针对软件所应具备的一系列非功能属性所进行的测试活动。

一个良好的软件系统,需要在其需求分析、设计、编码实现等环节充分考虑系统的一些非功能性需求因素(注:这些非功能性需求因素一般会在用户需求规格说明书中明确定义,但有时也会出现定义模糊的情况,这需要测试人员根据软件的应用特点并结合自身经验予以具体化)。例如,某高校的校园 Web 系统能够为校内用户提供数据查询功能。若某一时间段内在线访问该系统的人数不超过 10 人,Web 系统的数据查询页面打开速度正常。若超过 10 人以上的用户同时在线访问该系统,页面仍能打开,但打开速度极为缓慢。可见,该 Web 系统尽管能够为用户实现其功能需求(数据查询),但是在其功能实现上却存在网络性能方面的异常。如果在测试阶段忽略了对该系统的性能测试(非功能性测试的一种),会导致在实际环境中往往无法使用,用户觉得软件满足其综合期望的程度差,极大地影响软件产品质量。可见,软件的非功能性需求不可忽视,否则会导致软件的用户体验性很差。

软件的非功能性需求会直接影响软件产品的质量。现代软件工程国

家标准《软件工程术语》(GB/T 11457—2006)中把软件质量定义为"用户觉得软件满足其综合期望的程度"或"确定软件在使用中将满足用户预期要求的程度"。从用户使用(体验)的角度看,影响软件质量的最主要因素取决于软件产品的各项非功能方面的属性(因素)。目前,很多软件测试机构对软件的非功能性需求主要依据 McCall 软件质量要素模型(如图 6.1 所示),即围绕软件产品的修改、转移、运行 3 个方面及其相应的内容属性有选择地开展各项软件非功能性测试活动。

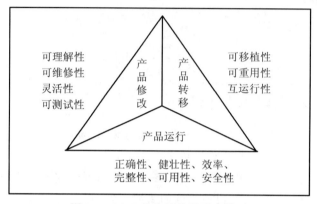

图 6.1　McCall 软件质量要素模型

在软件的需求描述中,功能需求与非功能性需求有明显的不同。为了便于初学者理解,下面从表达方式、考虑因素、描述方法、测试(度量)指标 4 个方面进行比较,如表 6.1 所示。

表 6.1　功能需求与非功能性需求的比较

区　　别	功 能 需 求	非功能性需求
表达方式	明确和具体,容易捕捉和描述	一般比较抽象,主观描述成分较多
考虑因素	采用用例(场景)的方式,对软件的每个功能进行一一描述,具有局部性特点。不同的功能需求之间一般不存在很强的制约或依赖关系	软件的非功能性需求一般是针对整个系统而言的,通常具有全局意义。例如,软件的性能指标通常是针对整个软件系统而言。一个软件系统通常需要考虑多个非功能性需求因素(如性能因素、可靠性因素和容错性因素等),而这些非功能性需求因素之间往往又存在某些制约和依赖关系
描述方法	目前业内有很多规范化的、形式化的说明语言(如 Z 语言[①]等)来描述功能需求,能够很好地消除歧义性	目前大多采用自然语言的描述方式,在文字内容上往往具有很大的随意性。通常缺乏准确性和完整性,给开发人员及测试人员的理解造成很大困难

---

　① Z 语言是一种基于集合论与一阶谓词逻辑的形式化规格说明语言,具有很强的逻辑性与规范性,目前已广泛运用于对软件功能需求的描述中。

续表

区　　别	功 能 需 求	非功能性需求
测试（度量）指标	可以采用没有歧义性（二义性）的自然语言描述测试（度量）指标	测试软件的每一项非功能性需求，均需要依据具体数字形式的度量（定量）指标。（类似"被测系统的页面需要具有较快的响应时间"等这样的文字描述是不可采用的）

当前，很多软件开发机构一般会根据软件系统面向的用户群体以及实际应用领域，并充分参考市面上已有的同类软件系统的使用情况来制定各项软件的非功能性测试指标。

6.1　软件功能测试

软件产品必须具备一定的功能，并为用户提供这些功能服务。软件的功能是为了满足用户的真正需要设计的，所有功能都需要得到验证与确认，以真正满足用户的需求。所以，软件的功能测试也是测试工作中最基本的测试活动，就是要根据用户需求规格说明书检验软件是否能满足用户对于软件各方面的功能使用要求，确保软件能以用户期望的方式运行。当然，对于面向不同行业领域的软件产品，功能测试的差异较大，功能测试对软件产品相关技术的依赖性也很大。但是，测试人员还是可以把一些共性的测试方法（如黑盒测试中的等价类划分、边界值分析、因果图法等）充分运用于各类软件产品的功能测试中。

软件功能测试大都采用黑盒测试方法，但是不能把黑盒测试等同于功能测试，因为黑盒测试反映的是具体测试方法，而功能测试反映的是测试内容，两者含义不同。此外，功能测试可以手工完成，也可以使用相关测试工具完成。由于本书面向初学者，因此本节仅介绍一些常用的软件功能测试工具。学有余力的读者可以阅读相关书籍。

6.1.1　功能测试的内容

功能测试是最基本的软件测试活动。由于不同软件系统的功能千差万别，因此功能测试的内容会存在很大的差异。总体来说，一般需要从以下两个方面考虑功能测试的内容。

1. 功能的表现

功能的表现即指用户需求规格说明书中提到的软件应具有的各项功能都要能一一实现出来，都应该是可以执行的。对于软件产品的每一项功能或每一个功能点，用户能够按照需求规格说明书中给定的输入形式，在规定的输入数据范围内完成相关数据输入操作，从而正确地执行功能。

2. 功能的正确性

软件中每一项功能使用到的（输入）数据以及与其所对应的程序，需要与用户需求规格说明书和用户文档(手册)中的说明相对应。只要软件向用户提供了某一项功能,该项功能就一定要能确保以正确的方式执行,与用户需求规格说明书中所描述的功能需求相一致。

注:当前很多软件测试机构会把软件产品能否正常完成安装也纳入到功能测试的范畴。也就是说,如果用户需求规格说明书中明确指定了该软件产品的安装要由用户来完成,则测试人员需要检测能否按照用户(使用)手册中的信息把软件成功安装到用户本地(机)环境中,安装完毕之后软件程序能否正常运行。

关于软件的功能测试,朱少民[1]建议测试人员可以从"逻辑""操作""结构""环境""数据"5个宏观层面分析软件功能测试的内容,从而启发测试思路,如表 6.2 所示。

表 6.2　5 个宏观层面分析功能测试内容

宏观层面	测 试 内 容
逻辑	软件运行时(操作界面)的各种状态是否按照业务流程而发生相应的变化,其逻辑是否简单合理、清晰,用户能否按照(操作界面)的各种状态变化状况去完成相应功能的操作
操作	软件用户界面上的所有菜单、按钮、工具栏等是否按照符合正常用户的使用习惯设计的,操作起来是否灵活与方便
结构	软件是否具有清晰的结构,能否按照结构分解为不同的构成部分分别进行测试(注:在现代软件工程中,软件的构成部分是指有效构成一个软件的多个组件(构件)。例如,一个软件系统能否分解成"客户端""服务器端"以及相应的接口部分进行分别测试;一个基于网络的 Web 系统的内部能否分解成用户展示层(UI)、中间件、数据访问层,以进行分别测试。)
环境	软件一般会在哪些平台(应用环境)上运行,在不同的运行平台上运行,软件的功能是否会有变化
数据	软件能否接收异常的数据输入,能否会对发生异常的数据输入有及时的(视觉方面、听觉方面等)提示信息,是否有相应的容错处理操作

在此基础上,贺平[2]还从面向一般软件系统与高级 Web 应用系统两个类别提出了软件功能测试的内容,为初级测试人员提供功能测试用例的设计思路,以检测软件的各项业务功能是否正确实现,如表 6.3 所示。

表 6.3　一般软件系统与高级 Web 应用系统的功能测试内容

系统类别	测 试 内 容	描 述
一般软件系统	业务功能相关性检查	增加、删除某项业务功能是否会对其他业务功能产生影响
	检查一些常用任务管理类的操作功能是否正确	如打开(open)、关闭(exit)、更新(update)、取消(cancel)、删除(delete)、保存(save)、另存(save as)等是否正确
	字符串长度检查	检测系统是否检查字符串长度;如果出错,是否会报错处理

续表

系统类别	测试内容	描　　述
一般软件系统	字符类型检查	检测系统是否检查字符类型；如果出错，是否会报错处理
	标点符号检查	检测系统是否检查输入的各种标点符号、空格、回车键等；如果出错，是否会报错处理
	检查显示信息的完整性	检测在查看信息时，信息是否全部显示
	信息重复性检查	对于重复性的输入内容，检测系统是否会做出相应的正确处理
	检查删除功能	检测系统是否能正确处理一些删除信息的操作
	检查添加与修改信息的操作	检查添加与修改信息的操作是否一致
	搜索功能	检测系统对信息的搜索（search）功能是否正确。例如，在有搜索功能的页面上，能否通过输入关键字、判断条件、多条件组合等方式搜索到想要的信息
	检测输入信息的位置	检查光标及停留处所输入信息是否跳转到别处
	上传/下载功能的检查	检查文件上传/下载功能能否实现
	必填信息项的检查	对于系统中必填的（输入）信息项，若无填写时，检查系统是否对用户有相应的提示
	回车键检查	输入结束后，直接按"回车"（Enter）键，检测系统处理情况
高级 Web 应用系统	（超）链接测试	测试 Web 系统页面上所有的（超）链接能否正确地链接到相应的页面上；所链接（跳转）的页面是否存在；Web 系统上是否有孤立的页面等
	表单测试	用户以表单操作的形式（如新用户注册、用户登录等）向 Web 应用系统提交相关信息时，测试提交信息操作的完整性，校验提交服务器信息的正确性等
	数据校验测试	若 Web 应用系统需要根据某种业务规则校验用户输入数据，则需要测试这种校验功能是否有效。例如，某系统的用户注册页面要求用户先后输入其身份证号与出生年月信息，则系统需要对二者输入信息的吻合性进行校验
	Cookies 测试	若 Web 应用系统使用了 Cookies，需要测试 Cookies 能否正常工作，包括 Cookies 是否能起到保存用户信息（如登录信息、相关应用程序操作信息等）的作用，是否能按规定的时间保存、刷新、删除等
	Web 设计语言的测试	针对不同的浏览器（或同一浏览器的不同版本），不同脚本语言（如 Java、C♯、VBScript、PHP 等），不同的程序插件（如 ActiveX、Flash 等）验证 Web 应用程序的功能体现是否正常
	数据库测试	针对 Web 应用系统后台所连接的（关系）数据库，检测是否存在数据一致性错误和数据输出性错误
	应用系统特定功能测试	除以上基本功能测试外，有时需要结合实际情况，对应用系统某些特定的功能需求进行探索式验证。例如，对于一些网上购物系统的用户评价功能，用户所提交的商品评价内容是否有最少字数限制等

针对高级 Web 应用系统的功能测试,很多软件测试机构首先会按照表 6.3 中所示的一般软件系统的各项功能测试内容完成测试活动,然后在此基础上,再从(超)链接、表单、数据校验、Cookies、Web 设计语言、数据库、应用系统特定功能方面开展专项内容的测试。此外,关于高级 Web 应用系统中的数据库测试,因为 Web 应用系统最常用的后台数据库大都是关系类型的数据库,所以测试人员大都使用 SQL 查询语句对信息进行测试操作。

6.1.2　功能测试的策略与流程

软件功能测试是检验软件为用户提供的各项功能(服务)是否满足用户要求,是否与预期希望的软件功能相一致,其依据用户需求所设计的功能及要求(指标)能否实现。在传统的脚本化测试中,对功能测试用例(脚本)的设计主要源于用户需求规格说明书以及相关软件的设计说明文档,用于指导功能测试的全过程。功能测试的测试用例可以人工设计(编写),也可以由自动化测试工具自动生成。功能测试的流程可以按照制订测试计划、创建测试用例(脚本)、测试执行、分析测试结果、修改与完善测试用例(脚本)的流程进行。

对软件敏捷测试项目来说,因其更强调测试的速度和适应性,侧重测试计划的不断调整,以适应用户需求的变化,所以项目团队(包含开发人员与测试人员)需要从软件产品能为用户提供(使用)价值的角度出发,尽可能地在较短时间内快速并准确地分析与提炼出软件的“功能点”,对每一个“功能点”编写相应的用户故事(user story),并形成待办事项列表(backlog)。无论是传统的脚本化测试还是当前流行的敏捷测试,被测软件的“功能点”一定要与相应测试用例或用户故事建立联系,当用户需求变化时,只需跟踪“功能点”是否变更(是否增加了新功能,还是减少了原功能,或是已有功能发生变化)即可。目前,软件功能测试可以采用手工测试,或采用与自动化测试相结合的方式进行。

6.1.3　常用的软件功能测试工具简介

1. RFT(Rational Functional Tester)

RFT(Rational Functional Tester)是由美国原 Rational 公司(现 IBM 公司)推出的一款著名的大型商业性功能测试工具(平台),适用于针对中、大型 Web 应用系统进行功能测试以及图形用户界面(GUI)测试。

RFT 的工作主界面如图 6.2 所示,可以在 Win 7、Win 8 及以上 Windows 版本和 Linux 系统环境下运行,支持以下领域的被测应用程序:基于 Java 的 Eclipse 平台程序,基于.Net 的平台程序,HTML 程序,基于 SAP、Flex、Siebel 等特定平台的应用程序等。应用 RFT 可以简化复杂性功能的测试任务,测试者可以通过选择相应的软件脚本语言开展软件系统的各种功能测试活动。

注:本书编者建议具有一定 Java 编程能力及软件测试工作经验的读者可以访问 IBM 公司网站(https://www.ibm.com),或查阅软件自动化测试的相关工具书籍,进一步学习关于 RFT 的安装与使用方法。

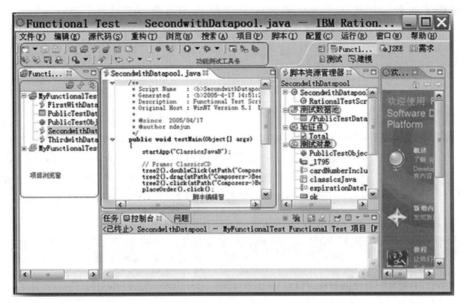

图 6.2　RFT 的工作主界面

2. QTP(Quick Test Professional)

QTP(Quick Test Professional)也是一款业内主流的大型商业性软件功能测试工具,由惠普(HP)公司推出,其工作主界面如图 6.3 所示。QTP 在实现功能测试的基础上,还可以自动执行重复性的测试步骤,用于对大型 Web 应用系统的回归测试。

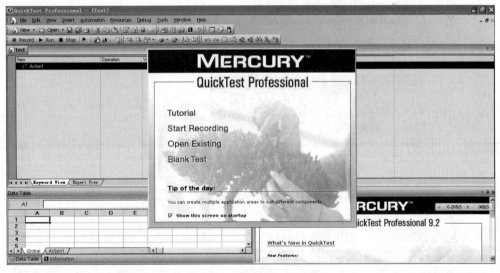

图 6.3　QTP 工作主界面

与 RFT 相比,QTP 侧重对软件功能的自动化回归测试,以减轻人工测试的压力。QTP 提供了当前很多主流应用(平台)程序插件,如基于.NET 的、基于 Java 的、基于 SAP

的等,适用于各自类型的软件产品测试。QTP 默认支持的脚本语言是 VB Script,相对要"简单"一些。学有余力的读者可以阅读一些在自动化测试环境下有关 QTP 实际应用方面的书籍。

3. 一些开源类的功能测试工具

选择软件功能测试工具时,一些资金不是很雄厚的中小(微)测试机构通常也会考虑开源类的测试工具。与商业性功能测试工具相对而言,开源类测试工具使用成本低(网上可以免费下载使用),并且具有良好的定制性(例如可以结合实际测试需求修改测试脚本、工具源代码等)与适应性(本地安装便捷)。表 6.4 列出了当前一些开源类的软件功能测试工具名称及图标(Logo),并附上相应的下载网址,感兴趣的读者可以下载使用。

表 6.4　一些开源类的软件功能测试工具

工具名称	图标 Logo	下 载 网 址
Selenium		http://seleniumhq.org
AutoIT		http://www.autoitscript.com
AutoHotKey		http://ahkbbs.cn
MaxQ		http://maxq.tigris.org
Twist		http://studios.thoughtworks.com/twist
Canoo WebTest		http://webtest.canoo.com

6.2　软件非功能性测试

软件非功能性测试主要用于检测或衡量软件质量方面的因素,旨在针对软件的一些非功能性的属性(参数)来测试软件系统的应用情况。需要注意的是,目前软件测试领域对软件的非功能性属性的定义尚未完全形成统一,而普遍采取以下定义:即明确了软件能为用户做什么(功能需求)的基础上,非功能性属性作为描述及评价软件的一种方式,从软件运行特性层面指定了软件功能在实现方面的相关要求(如限制、约束、指标等)。

软件具有很多非功能性方面的属性。例如,软件的性能,包括容错性、兼容性、安全性、可靠性等,这些属性对用户而言很有必要,往往是决定软件的功能"是否顺畅实现""是否好用"等的重要因素。当然,软件不能独立运行,还必须依赖计算机硬件、操作系统、网络等环境,才能充分发挥其功效。此外,在现代软件大规模集成的应用环境下,还要考虑一款软件与其他软件集成在一起时的功能实现是否会出现新问题等。所以,软件非功能性测试包含很多测试内容,所有对这些内容的测试也可称作对软件的系统测试,其测试难度与测试成本(耗费的测试资源等)要远大于软件功能测试。这里简单介绍一些常见的软件非功能性测试方面的内容。

6.2.1　性能测试

性能是软件产品的一项重要特性,是指在实现软件系统的某项功能时,其对于时间响应方面的快慢程度,即系统对用户请求做出响应时需要的时间,一般用具体时间值(如 s、ms 等)来衡量。在现代软件工程中,响应时间被定义为:用户对软件系统的某一功能(服务)发出请求开始,到软件系统对用户请求响应结束所历经(花费)的时间。当然,这个时间越短,表明软件系统的这项功能实现起来越快,用户就会越满意。反之,若响应时间较长,用户需要花大量时间去等待,往往会不耐烦,从而导致用户对该软件的体验效果差,因而造成用户流失。

1. 性能测试基础

性能测试主要是检验软件是否达到用户需求规格说明书中规定的各类性能指标,并满足一些与性能相关的约束或限制条件。性能测试的目的是测试软件系统的性能需求,发现是否存在性能方面的瓶颈,从而对其进行优化。在实际工作中,针对一些中大规模的Web 系统(如实时系统、分布式系统、各类 Web 网站等)的测试活动,即便系统(或系统的某个构件)满足功能要求,其未必能够满足性能要求。通常的做法是,当整个系统真正完成所有的集成,并通过功能确认测试之后,测试人员在真实环境下运行该系统,才能真正地、全面地开展其性能测试活动。

开展性能测试活动,需要使用高性能服务器和相应的性能自动化测试工具搭建性能测试平台,模拟多用户(并发)环境,也需要其他软、硬件的配套支持。性能测试的主要目标包括 3 个方面,如表 6.5 所示。

表 6.5　性能测试的目标

测 试 目 标	描　　述
评估系统的能力	在性能测试中,所得到的相关数据(例如通过性能测试工具准确展示出多用户访问环境下系统的响应时间、带宽、延迟、负载和端口变化等),可以反过来验证用户需求及软件设计的有效性,对系统的运行能力做出有效评估,并帮助做出决策或改进
识别系统中的弱点	在性能测试中,在 Web 环境下可以发现系统所能承受的最大访问量(负载),定位系统的瓶颈,便于修复系统的性能瓶颈或薄弱的地方
系统调优	重复执行性能测试,以验证调整后系统的活动是否能得到预期的结果,从而有效改进系统性能,检测软件中的问题

2. 性能基准测试

软件性能测试的类型有很多,但现代软件测试机构大都围绕软件系统的一些主要性能基准来制定相应的测试内容,开展一系列性能测试活动,也称作软件性能的基准测试。即通过设计出科学的测试方法,选择合适的性能测试工具,对被测对象的某项性能指标进行定量的和可对比性的测试与分析。例如,对某网络系统进行并发用户数、数据访问的带宽和延迟时间等指标的基准测试,可以使用户清楚地了解该网络系统的数据处理性能以及作业吞吐能力是否满足应用程序的要求。

对于常用的一些 Web 应用系统,性能测试的基准主要体现于以下 4 个方面,即系统的响应时间、并发用户数、吞吐量、性能计数器,如表 6.6 所示。

表 6.6　性能测试的基准

基准	测试内容描述	举例说明
响应时间	从用户向应用系统发出一个请求开始,到用户(客户端)接收到(系统返回给用户的)最后一个字节数据为止所历经的时间(通常以 ms 作为时间单位)。合理的响应时间取决于实际的用户需求[①]	用户使用某文件处理系统下载文件。当用户登录系统,单击"下载"操作后(向系统发出一个下载文件请求),直至文件完全下载至本地计算机上所历经的时间
并发用户数	在某个时间段内,在线访问该系统的用户数量(数目)	假设某高校课程学习系统正常运行时,最高峰时允许 2000 个不同 IP 地址的用户同时在线。则这 2000 人称作同时在线用户人数,也就是该系统的最大并发用户数
吞吐量	在单位时间内,系统能够处理的客户请求数量(数目)。现代软件测试机构一般用 s 作为时间单位,即在每秒钟的单位时间内成功地传送(处理)数据的数量(通常以比特率、字节、帧等网络数据指标测量)。吞吐量直接反映了一个系统性能的好坏状况	例如,某系统主机能够以 5Mbps 的速度向其客户端传输数据,即该系统(向其客户端发送数据功能)的吞吐量为每秒钟传输的比特位(数)为 5M。(注:1B=8b)
性能计数器	描述软件系统在运行时,当前操作系统性能方面的一些数据指标,在性能测试中主要起到对当前操作系统各项资源的监控与分析的作用	例如,Windows 任务管理器就是一种最典型的性能计数器,当某系统运行时,可以显示当前 CPU 的使用率及内存占用率等情况,如图 6.4 所示

注:①在实际工作中,不同的 Web 应用系统面向不同的行业领域及用户群体,往往无法真正地明确系统的某一响应时间是否合理。例如,对于普通的基于校园网的学生管理系统,假设一个用户查询页面完全打开的响应时间为 3s,往往很多学生用户不能接受。但是,对于一个大型的、面向国际金融业务的分布式 Web 应用系统,一个用户查询页面完全打开的响应时间同样也为 3s,很多金融用户还是能够接受的。

3. 性能测试的策略

目前,性能测试的策略一方面取决于被测系统的所属类别(如系统类软件还是应用类

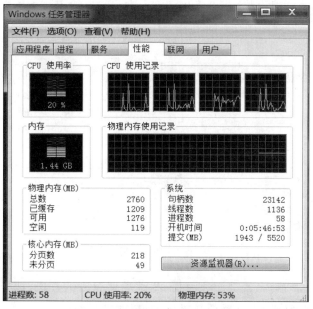

图 6.4　Windows 任务管理器

软件),另一方面也取决于用户对当前系统性能的关注程度(通常分为"关注度低""关注度中等""关注度高"3 个级别),并根据相应系统的所属类别与关注程度来制定测试策略。这里主要采用《软件测试教程(第 3 版)》[①]中提出的性能测试策略的制定原则,如表 6.7 所示,便于初学者更好地理解。

表 **6.7**　**性能测试策略的制定原则**

类别 关注度	系统类软件	应用类软件
低	从软件设计开始,注重系统体系结构的设计与数据库的设计,从根源上提高软件性能。性能测试要从单元测试阶段开始,主要测试一些与性能相关的模块及算法	在软件发布前进行性能测试,提交测试报告即可
中等		在系统的功能测试结束后开展全面的性能测试
高		结合用户使用需求,需要在设计阶段开始充分讨论系统的相关性能基准,在系统测试阶段就开始进行性能测试

　　根据软件的实际用途,应用类软件还可以分为一般应用软件与特殊应用软件。通常,一般应用软件是指面向一些非重要行业领域开发的中小规模的项目软件,特殊应用软件是指一些中大型规模的分布式 Web 软件系统,为特定的行业领域提供相应的软件应用、系统支持以及功能服务等。对于特殊应用软件,当前很多软件测试机构都是按照系统类软件来制定其性能测试策略的。

---

　　①　贺平.软件测试教程[M].3 版.北京:电子工业出版社,2014.

关于软件性能测试的步骤,这里采用图 6.5 所示的一种较简单的性能测试步骤,供初学者参考。

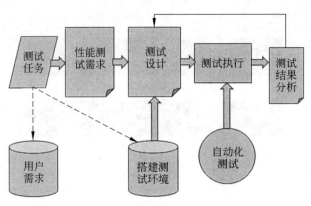

图 6.5   性能测试步骤

测试设计通常包括确定关键业务流程、测试类型和测试方法,选择合适的测试工具,设计测试场景(用例、脚本)等。要搭建测试环境,测试机构需要根据测试任务尽量部署接近实际的软件运行环境,搭建出仿真环境,作为性能测试环境,这样才能得到可靠的测试结果。在测试执行环节,通常采用逐步加载用户并发数量的方式运行测试,认真记录每次加载一定用户数量后得到的各类性能测试数据。

4. 常见的一些性能测试工具

与软件功能测试不同,性能测试需要模拟实际使用中多用户并发操作的行为,必须借助专门的性能测试工具完成。软件性能测试工具有很多,表 6.8 列出了当前一些常见的性能测试工具(包括一些开源类工具)以及访问网址。这些性能测试工具均能有效模拟某一时刻多用户的操作行为,记录与回放多用户使用环境下被测系统对(用户)某一事务的处理过程,自动生成相应的测试脚本(支持修改功能),以图形界面的形式完成对被测Web 应用程序性能的清晰分析,并指出可能阻碍实现多用户响应需求的问题和瓶颈。这些性能测试工具的具体安装及配置方法,读者可以自行学习。

表 6.8   一些常见的性能测试工具以及网址

名　　称	运 行 平 台	网　　　址
Load Runner	Windows/Linux	https://www.microfocus.com/en-us/home
RationalPerformance Tester	Windows/Linux	https://www.ibm.com/developerworks/downloads/r/rpt
Apache JMeter	Windows/Linux	http://jmeter.apache.org
NeoLoad	Windows/Linux/Solaris	https://www.neotys.com
LoadUI Pro	Windows/Linux/Mac OS	https://smartbear.com/product/ready-api/loadui/overview

名　　称	运 行 平 台	网　　址
WebLOAD	Windows/Linux	https://www.radview.com
LoadNinja	Windows	https://loadninja.com
ManageEngine	Windows/Linux	https://www.manageengine.com
OpenSTA	Windows	http://opensta.org

目前,也有一些软件测试书籍及测试机构把对软件的一般性测试、稳定性测试、负载测试、压力测试也纳入性能测试的范畴,这里简要描述其测试内容,如表 6.9 所示。

表 6.9　一般性测试、稳定性测试、负载测试与压力测试

名　　称	内 容 描 述
一般性测试	观察被测系统在正常软硬件环境下的运行状况,不向其加载任何负载(如用户并发数量)的性能测试。例如,对某邮箱系统的登录功能开展一般性测试,反复实验一个用户多次登录,并记录这个用户的登录时间及服务器端系统资源的占用(消耗)情况
稳定性测试	也称作可靠性测试,是指连续运行被测系统,测试系统的运行稳定性。通常采用MTBF(故障发生的平均时间间隔)来衡量系统的稳定性。MTBF 越大,系统的稳定性越强。例如,以一周时间为测试时间,让被测系统一直处于 24 小时的运行状态,观测并记录系统在此期间(一周内)每发生一次故障与下一次故障发生时间的平均时间间隔。注:测试人员可以根据实际情况选择测试时间(例如 3 天、1 周、10 天等都可以)
负载测试	模拟实际软件系统所承受的负载条件的系统负荷,通过不断加载(如逐渐增加模拟用户的数量)或其他加载方式观察不同负载下系统的响应时间和数据吞吐量、系统占用的资源(如 CPU、内存)等,以检验系统的行为和特性,以发现系统可能存在的性能瓶颈、内存泄漏、不能实时同步等问题
压力测试	压力测试可以被看作是负载测试的一种,即高负载(大数据量、大量并发用户等)下的测试,查看应用系统在峰值使用情况下的运行状况,从而有效地发现系统的某项性能瓶颈(隐患)、系统是否具有良好的容错能力和可恢复能力等

6.2.2　兼容性测试

兼容性测试是指验证在不同的软硬件平台、网络环境、操作系统以及在不同的应用软件之间被测软件系统能否正常运行,能否按照用户需求实现相应的功能。随着用户对来自各种类型软硬件之间共享数据能力的要求,测试软件与硬件以及不同软件之间能否协调工作变得越来越重要。总之,软件兼容性测试的目标是保证软件能按照用户期望的方式进行信息交互和共享。

1. 兼容性测试内容

对于一个规模较大、基于 Web 的软件应用系统,需要考虑的兼容性问题很多。例如,在测试与硬件兼容性方面,需要考虑被测软件能否与当前计算机(整机)及其外部设备兼容;在测试与软件兼容性方面,需要考虑被测软件能否与当前操作系统(程序运行环境)、

其他的应用软件、后台数据库、用户浏览器甚至是被测软件的其他版本(前一版本、后一版本)之间是否兼容;在测试与数据兼容性方面,需要考虑被测软件能否对不同数据的格式进行兼容(如能否正常读取及显示不同格式的同一数据等)。所以,当前很多软件测试机构通常会根据软件的实际应用情况,从以下几个方面综合考虑软件兼容性测试内容,开展有针对性的兼容性测试活动,如表 6.10 所示。

表 6.10　兼容性测试内容

兼容性测试内容	说　　　明
与硬件的兼容	被测软件与当前计算机硬件配置、各类 I/O 设备、通信设备等是否兼容
与操作系统(运行环境)的兼容	被测软件与当前计算机操作系统(如 Win 7、Win 10、Linux 等)以及一些系统支撑环境(如 VC++ 6.0、Visual Studio、Eclipse 平台等)是否兼容
与数据库系统的兼容	被测软件与各种后台数据库系统(如 MySQL、Oracle 等)是否兼容
与(客户端)浏览器的兼容	被测软件与客户端可能使用到的主流浏览器(如 360°浏览器、IE 浏览器、QQ 浏览器等)是否兼容
与第三方应用软件的兼容	被测软件在安装、运行、卸载时,与一些并存的其他应用软件是否兼容
软件自身不同版本之间的兼容	主要指同一软件新旧版本之间向前、向后的兼容性问题。向前兼容是指某软件的之前(旧)版本是否可以完全并正确地接收其之后(新)版本的数据,即软件旧版本对新版本的兼容。向后兼容是指某软件的之后(新)版本是否可以完全并正确地接收其之前(旧)版本的数据,即软件新版本对旧版本的兼容

针对同一软件"新旧版本"之间的向前、向后兼容性问题,当前也有很多软件测试机构认为,根据软件的实际用途,并非要求所有的软件都能达到向前兼容或向后兼容。对于敏捷环境下开发的软件产品,能做到"向后兼容",也就是软件新版本能够完全并正确地接收与显示其之前(旧)版本的数据即可。

2. 兼容性测试方法及工具

对于一些中小规模的应用软件,可以完全以手工测试方法进行兼容性测试,如测试该软件页面能否在当前一些主流浏览器下正常打开与显示,软件应用程序在常用的操作系统上能否顺利运行等。当然,也可以借助一些第三方开源类兼容性测试工具(例如IETester、BrowserShots、Multiple IEs 等)进行测试。此外,针对智能手机 App 的第三方兼容性测试工具,则推荐使用百度推出的"众测平台"和"云测平台"。

通常来说,人工测试工作量大,且覆盖不全。使用第三方测试工具尽管节省时间,但是在对软件的主要功能(业务流程)测试的时候会没有侧重点,不够灵活,很难发现一些隐藏的兼容性问题。所以,将人工测试和第三方工具相结合才是最好的兼容性测试方法。

6.2.3　安全性测试

简单地说,安全性测试是针对软件安全性需求的验证和确认活动,以检查系统对非法入侵的防范能力。尤其对于一些面向金融领域的大规模分布式软件系统,往往会存在一些潜在的漏洞、风险、威胁、易受攻击等安全性问题。一个存在安全性问题的软件产品或系统,在实际应用中是不安全、不可靠的。所以,软件安全性在保证系统安全、避免财产损失等方面起到重要的作用,其重要性不言而喻,在软件需求分析和设计时就应当予以重点考虑。

目前,软件安全性测试是软件测试领域中的一个综合性问题。安全性测试实施活动除了需要测试人员具备一定的软件测试基础外,还需要其掌握计算机网络安全、组网技术、软件体系架构、密码学等其他相关学科知识。这里仅对安全性测试的基本知识进行简要介绍。

1. 软件安全性问题

软件安全性问题是指软件在受到恶意攻击下依然能正确运行,满足用户的所有安全需求,通常包括保密性(确保信息只被授权人使用,信息即使被非法获得也不能了解其真实含义)、完整性(保护信息与信息处理方法的准确性和原始性,防止数据被篡改)、可用性(确保授权的用户可访问信息)和不可抵赖性(用户对其信息操作行为不可否认)。此外,诸如信息泄露(窃取、假冒、非法使用)、计算机病毒、木马等,都会对软件安全性造成极大威胁。贺平[①]从计算机网络的安全与防护角度列出了当前 Web 应用系统可能存在的 10 个安全性漏洞,如表 6.11 所示,这里予以引用,仅供有余力的读者参考。

表 6.11　Web 应用系统可能存在的 10 个安全漏洞

漏洞名称	描述
跨站脚本	跨站脚本允许攻击者在受害者的浏览器上执行一些(侦听)脚本程序,可能会截取用户会话、破坏 Web 站点或引入网络蠕虫等
注入漏洞	在 Web 应用程序内注入漏洞(特别是 SQL 注入)。当用户提供的数据作为命令或查询的一部分被发送到服务器时,可能出现注入漏洞,恶意数据欺骗服务器,以执行非用户本意的命令或改变服务器上的数据
执行恶意文件	恶意文件执行攻击,会影响 PHP、XML 以及任意从用户端程序所接收的文件名或文件的架构
不安全的直接对象引用	当一个引用暴露给内部对象(如一个文件、目录、数据库记录或键值、URL 或格式参数)时,可能发生直接对象引用。攻击以操纵这些引用访问其他未经授权的对象
伪造跨站请求	强迫受害者的客户端浏览器执行一个对攻击者有利的恶意行为
信息泄露及不正确的错误操作	应用程序可能通过各种应用程序问题,(非用户本意的)泄露配置、内部结构或隐私等信息。黑客攻击者利用这个弱点窃取敏感数据后传入更多的严重攻击
失效认证及会话管理	网络黑客或攻击者使用密码、密钥或认证令牌伪装其他合法用户的身份登录系统
不安全的密码存储	Web 应用程序缺乏使用密码功能来保护数据。攻击者通过这个缺乏有效保护的数据窃取身份及实施其他的犯罪行为,如信息用卡欺诈等
不安全的通信	敏感数据需保护,应用程序未对网络进行加密处理
限制 URL 访问失败	攻击者直接访问系统内部的 URL 来访问并执行一些未授权的操作

---

① 贺平. 软件测试教程[M].3 版. 北京:电子工业出版社,2014.

2. 软件安全性测试内容

软件安全性测试主要检测或验证当前系统能否经受来自多个方面的网络攻击(例如各类计算机木马程序攻击、黑客非法入侵等),并做出相应的防范措施。杨怀洲[1]提出,如果测试环境允许,开展安全性测试时需要充分考虑以下方面:网络安全、系统软件安全、客户端应用软件安全、服务器端软件系统安全、客户端到服务器端通信安全、文件与数据的完整性检查。这里对以上每一方面的安全性测试内容不展开阐述。在实际工作中,很多软件测试机构一般会围绕对用户认证、应用安全、网络安全、数据库安全、系统安全这5个方面开展对软件系统的安全性测试,以验证其网络安全性,如表6.12所示。

表 6.12 软件系统的安全性测试内容

测 试 项	测 试 内 容
用户认证	系统是否具有不同的用户使用权限
	用户权限是否可以进行灵活设置和更改
	用户登录密码是否可见,是否具有密码安全强度校验及验证码校验等
	用户是否可以通过绝对路径进入系统(例如通过复制登录后的链接直接进入系统)
	用户是否可以使用"退格(Backspace)"键而不通过输入口令进入系统
	用户注销退出系统后,是否删除了其所有权限标记并回到起始登录界面
	能否禁止以同一用户名和密码在多个终端上同时登录访问系统
	用户登录后,是否只能获得其授权范围内的功能和数据
	是否有超时限制,超时之后软件能否可以自动回到登录界面
应用安全	关键信息是否采用加密技术
	是否有远程服务的安全控制
	是否有文件完整性检查
	重要系统和操作信息是否写进了日志,能否有效追踪
网络安全	有线和无线的物理连接是否安全
	是否安装了合适的防火墙、防病毒软件、补丁程序等
	重要传输信息是否已加密,是否可正确解密接收到的信息
	是否利用网络漏洞检查工具扫描网络
	模拟各类非法攻击,检查系统防护措施是否具有牢固性
数据库安全	检查系统数据是否具有独立性、机密性和完整性
	检查系统是否有数据备份和可恢复能力

---

① 杨怀洲.软件测试技术[M].北京:清华大学出版社,2019.

续表

测试项	测试 内 容
系统安全	操作系统、数据库、中间件等系统软件是否为开源类或免费的软件,是否配备了防火墙措施
	是否能够及时获得系统软件安全性方面的补丁

6.2.4　图形用户界面(GUI)测试

图形用户界面也称作 GUI(Graphical User Interface)。现代软件行业高度强调商业性软件的易用性。也就是说,软件用户界面的优劣会直接影响用户能否很容易地进行软件操作和高效地使用软件的各种功能。因此,对软件图形用户界面的测试已成为一项独立的、不可缺少的功能测试内容。一个良好的用户操作界面会极大提升使用者对该软件产品操作的青睐程度,增强用户体验性。为了更好地开展图形用户界面(GUI)测试,贺平[①]还从被测软件是否"好用"(易用性)的角度,把软件的图形用户界面(GUI)测试也作为软件非功能性测试的重要内容,为初学者提供了测试思路,如表 6.13 所示。

表 6.13　图形用户界面(GUI)测试内容

图形用户界面(GUI)	测试内容及描述
页面元素测试	测试页面元素:通过页面走查、浏览,确定页面是否符合设计需求;可结合兼容性测试检测不同分辨率下的显示效果;可结合数据定义文档查看表单项的内容信息;对动态生成页面进行浏览查看
对窗体操作的测试	① 窗体控件大小、对齐方向、颜色、背景等属性设置值是否和设计规约一致。 ② 窗体控件布局是否合理、美观,其排列顺序是否从左到右,焦点是否按照编程规范落在既定控件上。 ③ 窗体画面文字,全/半角、格式与拼写是否正确。 ④ 窗体大小能否改变、移动或滚动,能否响应相关输入或菜单命令。 ⑤ 窗体中的数据内容能否用鼠标、功能键、方向箭头和键盘操作访问。 ⑥ 显示多个窗体时,窗体名称是否正确表示,活动窗体是否被加亮。 ⑦ 多用户联机时,所有窗体是否实时更新。声音及提示是否符合既定编程规则。 ⑧ 相关下拉菜单、工具栏、滚动条、对话框、按钮及其他控制是否正确且完全可用。 ⑨ 无规则单击鼠标时,是否会产生无法预料的异常结果。 ⑩ 窗体声音及颜色提示与窗体操作顺序是否符合需求。 ⑪ 如使用多任务,所有窗体能否被实时更新。 ⑫ 当被覆盖并重新调用后,窗体能否正确再生成(出现)。 ⑬ 能否使用所有窗体的相关功能。 ⑭ 窗体能否被正确关闭

① 贺平. 软件测试教程[M].3 版. 北京:电子工业出版社,2014.

续表

图形用户界面（GUI）	测试内容及描述
对下拉式菜单与鼠标操作的测试	① 应用程序的菜单栏是否能显示系统相关特性（如时钟显示）。 ② 是否适当列出所有的菜单功能和下拉子功能。 ③ 菜单功能能否正确执行。 ④ 菜单功能的名字是否能自释义，菜单项是否有帮助，是否与语境相关。 ⑤ 菜单栏、调色板和工具栏是否在合适的语境中正常显示和工作。 ⑥ 下拉菜单的相关操作是否使用正常及功能正确。 ⑦ 能否通过鼠标来完成所有的菜单功能。 ⑧ 能否通过用其他文本命令激活每个菜单功能。 ⑨ 菜单功能能否随着当前窗体操作加亮或变灰。 ⑩ 在整个交互式语境中，能否正确识别鼠标操作（如多次单击鼠标或鼠标有多个按钮）。 ⑪ 光标、处理指示器和识别指针能否随着操作而相应改变。 ⑫ 鼠标有多个形状时能否被窗体识别（如鼠标箭头呈现漏斗状时，窗体不接收输入操作）
对数据项操作的测试	① 数据项（数字、字母）能否正确回显，并输入到系统中。 ② 图形模式的数据项（如滚动条）能否正常工作。 ③ 数据输入消息能否得到正确理解，能否识别非法数据。 ④ 数据输入消息是否可理解

在实际的 GUI 测试中，很多软件企业一般会对被测系统的页面元素测试制定相应的界面测试标准，主要内容如下：

(1) 直观性。

用户界面简洁友好、操作界面的功能或期待响应能够明显并位于预期出现位置；界面组织、布局应合理，方便从一个功能转到另一功能，任何时刻都可决定放弃或退回、退出，输入得到认可，菜单或窗口应深藏不露；不应有多余功能、太多复杂化特性，不应信息庞杂；若操作失败，帮助系统应起作用。程序应在用户执行严重错误操作之前警告用户，并允许用户恢复由于错误操作而导致丢失的数据。

(2) 一致性。

快捷键及菜单选项在整个软件中使用同样的术语，特性命名应一致；软件应一直面向同一级别用户，不显示泄露机密的信息；按钮位置及对应按键应一致等。

(3) 灵活性。

实现同一页面上的任务可以有多种选择；某一个页面状态能够被人为终止及跳过；每个页面都具有容错处理能力；在用户数据输入页面上，有多种方法实现输入数据及查看结果等。

6.2.5　其他一些软件非功能性测试简介

在现代软件工程中，软件包含内容的范畴其实有很多，如程序、文档、数据以及各类应用与支撑服务等，衡量一款软件的质量需要考虑很多非功能方面的特性因素。除了本节阐述的软件性能测试、兼容性测试、安全性测试之外，其实还有很多非功能性方面的测试，如表 6.14 所示。实际上,很多软件测试机构都会根据实际需要(被测软件面向的行业应用领域)选择性地对软件的某个部分、某个非功能性方面的质量属性开展专门的测试活动。

表 6.14 其他一些软件非功能性测试

测试内容	描　述
容量测试	软件系统应用特征的某项指标的极限值(如最大并发用户数、数据库记录数等),系统在其极限状态下没有出现任何软件故障或还能保持主要功能正常运行。例如,确定系统可处理同时在线的最大用户数
安装测试	确保该软件在正常情况和异常情况(例如磁盘空间不足、缺少目录创建权限等)的不同条件下,例如,进行首次安装、升级、完整的或自定义的安装都能进行
可用性测试	通过观察一群具有代表性的用户对产品进行操作,完成典型任务,以发现产品中存在的效率与满意度相关问题的方法
国际化测试	测试软件的国际化支持能力,发现软件的国际化潜在问题(如国际字符串的输入/输出功能、国际不同地区、时区的时间显示等),保证软件在世界不同区域都能正常运行
可访问性测试	主要检测残疾人士在对软件的应用方面(如输入方式、输出方式、页面显示等)是否具有交互性障碍
授权测试	主要测试用户在未获得软件功能相关使用权限的基础上能否允许使用相关资源
容错性测试	检测在一些异常条件下(如数据异常输入、非法操作等),软件自身是否具有某种防护性措施或自我恢复(正常)的能力
一致性测试	测试软件产品在效率或互通性方面是否符合某个指定的标准
配置测试	通过对被测系统软硬件环境的调整,了解各种不同环境对系统性能影响的程度,从而找到系统各项资源的最优分配原则
文档测试	检验样品用户文档的完整性、正确性、一致性、易理解性、易浏览性
试玩测试	主要面向游戏类软件,游戏玩家在软件开发现场可以开放地或封闭地,或者在实际用户环境下试玩游戏,检测游戏中是否存在问题
可恢复性测试	主要检查系统的容错能力。当系统出错时,检测其能否在指定时间间隔内修正错误并重新启动系统。恢复测试首先要采用各种办法强迫系统失败,然后验证系统是否能尽快恢复。需采取各种人工干预方式强制性地使软件出错,使其不能正常工作,进而检验系统的恢复能力
卸载测试	测试软件程序能否正常卸载、完全卸载。卸载完毕后对系统是否有更改,在系统中的残留文件能否按照用户要求做出相应处理(删除/保留)等
能力测试	检查用户需求文档(需求规格说明书)提及的每一项能力(除了包括软件功能,还包括其他非功能方面的内容)是否确实已经实现;检查软件具备的各项功能是否齐全,程序编码是否规范,代码是否具有可读性等
健壮性测试	检测在异常情况下软件还能正常运行的能力
穿越测试	测试能否非法进入系统,例如绕过系统防火墙、屏蔽服务器安全性检查直接登录服务器等
在线帮助测试	检测系统的实时在线帮助功能能否实现,验证在线帮助的可操作性与准确性
数据转换测试	测试已有系统的数据是否能够正确无误地转换到替代(备份)系统上

续表

测试内容	描　述
备份测试	作为可恢复性测试的补充,验证系统在软硬件失效的情况下自动备份数据的能力(包括数据备份的完整性、有效性、数据备份时间等)
接口测试	用于检测外部系统与系统之间以及内部各个子系统之间的交互点。测试的重点是检查数据的交换、传递和控制管理过程,以及系统间的相互逻辑依赖关系等
人机交互测试	对人机交互界面提供的操作和显示界面进行测试。测试系统本身的操作,其繁简程度、用户本身的常用操作、使用习惯等
余量测试	软件在完全运行时,测试空间被占用后所剩余的资源容量(如存储容量的余量、空闲 I/O 通道的数目等)

6.3　Web 网站测试案例

随着互联网产业的迅猛发展,Web 网站已广泛应用于各行各业。Web 网站能够提供各种信息的连接和发布,方便终端用户访问与存取。在互联网时代,越来越多的软件系统及其应用服务已被移植到互联网上。一些分布式互联网系统,像中大型的门户网站、各类电子商务类网站(平台)、企事业单位的办公自动化协同系统、各种信息管理类网站等都属于 Web 网站的范畴,它们对日常工作和生活产生了深远的影响。例如,图 6.6 所示的"天猫"网站就是一个典型的电子商务类 Web 网站。

图 6.6　一个典型的 Web 网站(天猫)

Web 网站主要通过网页提供相应的软件服务,用户可以通过其客户端浏览器对 Web 网站做各种操作,例如搜索与浏览所需要的信息资源。所以,Web 网站的测试也是面向互联网环境下对 Web 页面的测试。它不仅需要检查和验证网站页面是否按照设计的要求运行,还要从用户的角度评价这个 Web 网站"是否好用""使用起来是否方便"等。例如,用户通过不同的浏览器访问 Web 网站页面,其页面显示大小、尺寸以及页面中的图

片、文字展示等是否合适？某一时间段内有多个不同 IP 地址用户同时登录网站,页面能
否快速打开？若一不小心发生异常操作,网站页面能否自动恢复正常？网站能否安装并
运行于不同的操作系统环境中？网站的安全性能否保障等？可见,测试的重要性不言而
喻。也就是说,除了要测试网站页面的各项功能外,还应该测试网站的其他非功能性方面
(如网站的性能、安全性、人机交互性、可用性、兼容性、容错性、后台数据库等)。因此,
Web 网站的测试是一项重要、复杂且具有一定难度的综合性测试工作。实际上,由于不
同 Web 网站的网页具有多样化的特性,很多软件测试机构会结合具体情况(例如 Web 网
站的规模大小、应用与服务领域、面向用户群体等),选择性地测试相应的非功能方面
属性。

　　顾海花[①]、杜文洁[②]等人认为,关于 Web 网站的应用,用户主要通过在客户端浏览器
中的操作搜索浏览所需的信息资源。服务器后台主要用于对网站前台的信息管理,也
包括对网站数据库和文件的管理及网站的各种配置。所以,Web 网站测试实际上是针对
因特网环境下 Web 网站中的前台页面、服务器后台的测试。通常,Web 网站测试主要包
含以下内容:功能测试、性能测试、安全性测试、可用性/易用性测试、配置和兼容性测试、
数据库测试、代码合法性测试等。

　　这里以安徽三联学院图书馆管理系统(系统主页如图 6.7 所示)为 Web 网站的测试
案例,充分借鉴顾海花[①]、余久久[③]、冉娜[④]、杜文洁[⑤]等人提出的 Web 网站的测试内容与
方法,并结合实际,分别从功能测试、性能测试、图形用户界面(GUI)测试、兼容性测试、安
全性测试、数据库测试几个方面简要分析与讨论该网站的测试过程。

图 6.7　安徽三联学院图书馆管理系统主页

---

　①　顾海花. 软件测试技术基础教程[M]. 2 版. 北京:电子工业出版社,2015.
　②　杜文洁,王占军,高芳. 软件测试教程[M]. 2 版. 北京:中国水利水电出版社,2016.
　③　余久久. 软件工程简明教程[M]. 北京:清华大学出版社,2015.
　④　冉娜,陈莉莉. 软件测试技术基础[M]. 北京:电子工业出版社,2017.
　⑤　杜文洁. 软件测试教程[M]. 北京:清华大学出版社,2008.

1. 功能测试

功能测试相对简单,以该系统的用户需求规格说明书及设计说明书为依据,每一个独立的功能模块实现都需要设计相应的测试用例指导测试。它侧重于测试对象所有可追踪的用例、业务功能及规则的测试。测试目的是核实数据的输入、处理是否正确,系统对业务规则的处理是否恰当。测试者通过图形用户界面(GUI)与应用程序交互,分析输出结果,验证系统实现的功能与系统需求功能是否一致。

例如,针对图书馆管理系统中的核心功能模块"图书借阅",其功能测试用例设计如表 6.15 所示。实际上,本系统在基于校园网环境下以 Web 网站的形式为校内师生用户提供各类图书资源的服务,所以从严格意义上来说,其功能测试还可以包含对以下几个方面的测试内容:页面内容测试、(超)链接测试、表单测试、cookies 测试、程序脚本语言测试等,每一方面的测试要点(关注点)如表 6.16 所示。读者可以根据这些测试要点的内容自行设计相应的测试用例,这里不予列出。

表 6.15　"图书借阅"模块功能测试用例

用例编号		用例级别	普通	需求编号		测试结论	通过√
设计日期		执行日期		测试者			未通过
对应需求描述	读者登录系统,进行图书借阅操作						
测试描述	读者借阅图书操作						
正常功能描述	借阅图书操作成功						
用例目的	合法的读者能否借阅图书						
前提条件	读者成功登录系统的图书借阅界面。图书馆库存中有读者欲借阅的图书(未借出),且借阅图书数目小于或等于其规定的借书数目						
输入/动作	**期望输出**		**实际情况**				
1. 单击"图书信息"界面中的"检测信息"按钮	显示图书馆中已有图书的列表信息		与期望值吻合				
2. 单击选择一本图书(未借出状态)信息,单击"借书"按钮	显示"借书成功"对话框		与期望值吻合				
3. 再次在已有图书的列表信息中单击此图书	该图书的借阅状态显示为"已借阅"。其余图书信息变成当前读者的借阅信息		与期望值吻合				
异常功能 1 描述	借阅已借出的图书,借阅图书操作失败						
用例目的	测试用户能否借阅已借出的图书						
前提条件	读者成功登录系统的图书借阅界面。图书馆库存中有读者欲借阅的图书(已被借出),且借阅图书数目小于或等于其规定的借书数目						
输入/动作	**期望的输出/相应**		**实际情况**				

输入/动作	期望的输出/相应	实际情况
1. 单击"图书信息"界面中的"检测信息"按钮	显示图书馆中已有图书的列表信息	与期望值吻合
2. 点击选择一本图书(已借出状态)信息,单击"借书"按钮	显示"该图书已借出,借书失败"对话框	与期望值吻合
3. 再次在已有图书的列表信息中单击此图书	该图书借阅状态显示为"已借阅",其余图书信息仍然是上一个读者的借阅信息	与期望值吻合
异常功能 2 描述	借阅未借出的图书,但是读者可借阅图书册数已经超出了所允许的数目,而借阅图书操作失败	
用例目的	测试用户能否在已超出其所允许的借书册数情况下继续借书	
前提条件	读者成功登录系统的图书借阅界面。图书馆库存中有读者欲借阅的图书(未被借出),作者欲借阅图书数目大于其规定的借书数目	
输入/动作	期望的输出/相应	实际情况
1. 单击"图书信息"界面中的"检测信息"按钮	显示图书馆中已有图书的列表信息	与期望值吻合
2. 单击选择一本或多本图书(未借出状态)信息,单击"借书"按钮	显示"超出规定借阅数目,借书失败"对话框	与期望值吻合
3. 再次在已有图书的列表信息中单击此图书	该图书的借阅状态显示为"未借阅"。其余图书信息仍然是上一个读者的借阅信息	与期望值吻合
异常功能 3 描述	借阅未借出的图书,但是读者已借阅的图书已超期,导致借书操作失败	
用例目的	读者在已有借阅图书超期的情况下能否继续借阅(未借出)图书	
前提条件	读者成功登录系统的图书借阅界面。图书馆库存中有读者欲借阅的图书(未借出),且借阅图书数目小于或等于其规定的借书数目。但是读者当前已借阅的图书已超期	
输入/动作	期望的输出/相应	实际情况
1. 单击"图书信息"界面中的"检测信息"按钮	显示图书馆中已有图书的列表信息	与期望值吻合
2. 单击选择一本或多本图书(未借出状态)信息,单击"借书"按钮	显示"读者有超期未归还的图书,借书失败"对话框	与期望值吻合
3. 再次在已有图书的列表信息中单击此图书	该图书的借阅状态显示为"未借阅"。其余图书信息仍然是上一个读者的借阅信息	与期望值吻合

表 6.16　页面内容测试、(超)链接测试、表单测试、cookies 测试与程序脚本语言测试的内容

测 试 内 容	测 试 要 点
页面内容测试	正确性：验证页面上的内容信息是否真实可靠(注：虚假的、不真实的内容信息会涉及法律方面的问题)
	准确性：验证网页文字的表述是否符合语法逻辑或者是否有拼写方面的错误
	相关性：能否在当前页面上找到与浏览信息相关的信息列表或入口，也就是一般 Web 站点中所谓的"相关文章列表"(测试人员需要确定是否列出了相关内容的站点链接。如果用户无法单击这些地址，他们可能会觉得很迷惑)
(超)链接测试	用户单击网页上的(超)链接是否可以顺利地打开所要浏览的内容，即链接是否按照指示的那样确实链接到了要链接的页面
	验证所要链接的页面是否存在(注：如果网页内部链接都是空的，会使浏览者的体验效果很不好)
	保证 Web 应用系统上没有孤立的页面，所谓孤立页面是指没有链接指向该页面，只有知道正确的 URL 地址才能访问
表单测试	表单提交应当模拟用户提交，验证是否完成功能，如注册信息等
	测试提交操作的完整性，以校验提交给服务器的信息的正确性。例如：在个人信息表中，用户填写的出生日期与职称是否恰当，填写的所属省份与所在城市是否匹配等(注：如果使用了默认值，还要检验默认值的正确性)
	使用表单收集配送信息时，应确保程序能够正确处理这些数据。要测试这些程序，需要验证服务器能正确保存这些数据，而且后台运行的程序能正确解释和使用这些信息
	验证数据的正确性和异常情况的处理能力等，注意是否符合易用性要求
	数据校验问题。根据已定规则，如果需要对用户输入进行校验，需要保证这些校验功能正常工作。例如，省份的字段可以用一个有效列表进行校验。在这种情况下，需要验证列表完整而且程序正确调用了该列表。(例如，在列表中添加一个测试值，确定系统能够接受这个测试值)
Cookies 测试	如果 Web 应用系统使用了 cookies，测试人员需要对它们进行检测。测试的内容可包括 cookies 是否起作用，是否按预定的时间保存，刷新对 cookies 有什么影响等
程序脚本语言测试	测试在 Web 网页上使用不同的程序脚本语言是否会引起网站客户端或服务器端的一些严重问题(例如，对使用 HTML、JavaScript、ActiveX、PHP 等一些常用的脚本语言进行验证)

2. 性能测试

性能测试可以是对系统的响应时间、负载能力、并发事务处理速率、疲劳强度等与时间相关的需求指标进行测试，测试性能需求是否满足要求。在实际测试中，可以根据系统的规模大小、适用场合等因素选择全部或部分性能指标进行测试。

基于实际测试环境，本案例主要就图书馆管理系统的负载能力、多用户并发、大数据量 3 个方面进行测试，表 6.17、表 6.18 与表 6.19 分别是这 3 个方面代表性的测试用例。

表 6.17　负载能力测试用例

性能描述	系统的负载能力	
用例目的	测试系统的负载能力	
前提条件	负载测试之前系统正常运行	
输入数据	期望的性能（平均值）	实际性能（平均值）
系统正常运行的同时,用模拟工具打开 100 个页面	系统正常运行	吻合
系统正常运行的同时,用模拟工具打开 500 个页面	系统正常运行	吻合
同时进行图书借阅和新书入库操作	系统正常运行	吻合

表 6.18　多用户并发测试用例

性能描述	多用户并发操作能力			
用例目的	测试系统正常运行所能接受的最大用户数			
前提条件	负载之前系统正常运行			
测试需求	输入（用户并发数）	用户通过率	期望性能	实际性能
读者登录	100	100%	100%	吻合
	500	100%	100%	吻合
	800	100%	>98%	吻合
	1000	100%	>95%	吻合
图书借阅	100	100%	100%	吻合
	500	100%	100%	吻合
	800	100%	>95%	吻合
	1000	100%	>90%	吻合
……	……	……	……	……
备注				

表 6.19　大数据量测试用例

性能描述	大数据量处理能力			
用例目的	测试系统在规定的时间内能够连续处理的最大（记录）工作量			
前提条件	正常登录系统			
测试需求	输入（最大数据量）	输入成功率	期望性能	实际性能
图书查询	500 条	100%	100%	吻合
	1000 条	100%	100%	吻合

图书查询	5000 条	100%	100%	吻合
	>10000 条	100%	>95%	吻合
图书借阅	1000 条	100%	100%	吻合
	5000 条	100%	100%	吻合
	10000 条	100%	100%	吻合
	>10000 条	100%	>95%	吻合
……	……	……	……	……
备注				

3. 图形用户界面(GUI)测试

本图书馆管理系统的图形用户界面(GUI)主要包括读者登录界面、图书查询界面、图书借阅界面、图书归还界面等。这里列出了图形用户界面测试的检查项,如表 6.20 所示。目的是测试各种图形用户界面是否都正常运行。读者可以根据每一个检查项自行设计相应的测试用例,这里省略。

表 6.20　图形用户界面(GUI)测试检查表

检　查　项	测试人员的评价
窗口切换、移动、改变大小时正常吗	正常
各种界面元素的文字正确吗(如标题、提示等)	正常
各种界面元素的状态正确吗(如有效、无效、选中等状态)	正确
各种界面元素支持键盘操作吗	支持
各种界面元素支持鼠标操作吗	支持
对话框中的缺省焦点正确吗	正确
操作错误数据项能正确回显(恢复)吗	不能
对于常用的功能,用户能否不必阅读手册就能使用	能
执行有风险的操作时,有"确认""放弃"等提示吗	有
操作顺序合理吗	合理
有联机帮助吗	无
各种界面元素的布局合理吗? 美观吗	较美观
各种界面元素的颜色协调吗	协调
各种界面元素的形状美观吗	较美观
字体美观吗	美观
图标直观吗	直观

4. 安全性测试

随着因特网的广泛使用,网络安全问题也日益重要。对于用户与系统需要进行大量信息交互的 Web 网站,Web 页面随时会传输这些重要信息,所以一定要确保其安全性。结合实际,表 6.21 给出了本图书馆管理系统在安全性测试方面需要的检查项及测试内容,供读者参考。

表 6.21　安全性测试内容

检 查 项	测 试 内 容
目录设置	检测系统的各级目录设置是否正确?例如,每个目录下应该有 index.html 或 main.html 页面,或者严格设置 Web 服务器的目录访问权限,这样就不会显示该目录下的所有内容,从而提高安全性
SSL	测试 SSL(是为网络通信提供安全及数据完整性的一种安全协议,是利用公开密钥/私有密钥的加密技术,位于 HTTP 层和 TCP 层之间)能否建立用户和服务器之间的加密通信,从而确保所传送信息的安全性
登录	验证系统能否阻止非法的用户名(口令)登录(认证),而能够通过有效验证
日志文件	需要测试相关信息是否写进了日志文件,是否可追踪。在后台,要注意验证服务器日志工作是否正常
脚本语言	测试人员需要找出站点使用了哪些脚本语言,检验该语言是否有缺陷
加密	测试系统加密是否正确,测试用户请求信息的完整性等

一般而言,在 Web 网站的安全性测试中,脚本语言是常见的安全隐患。例如有些脚本允许访问根目录,其他脚本只允许访问邮件服务器等。黑客可以利用这些缺陷,将服务器用户名和口令发送给他们自己,从而攻击和使用服务器系统。

5. 兼容性测试

本图书馆管理系统的兼容性测试需要验证应用程序可以在用户本地计算机系统上运行。需要测试各种操作系统、浏览器、视频、音频设置和网络配置等。当然,也可以尝试各种设置的组合。这里给出一个简单的兼容性测试列表,如表 6.22 所示。

表 6.22　兼容性测试列表

检 查 项	测 试 内 容
平台测试	在 Web 系统发布之前,需要在各种操作系统下对 Web 系统进行兼容性测试
浏览器测试	需要测试 Web 站点能否使用一些主流浏览器(如 IE、360、搜狗、QQ 等)进行页面浏览
打印机测试	验证网页打印是否正常。有时在屏幕上显示的图片和文本的对齐方式可能与打印出来的东西不一样。测试人员至少需要验证订单确认页面打印是正常的

6. 数据库测试

在 Web 应用技术中,数据库为 Web 应用系统的管理、运行、查询和实现用户对数据存储的请求等提供空间,具有非常重要的作用。

本图书馆管理系统后台使用的是 SQL-Server 数据库,在 Web 应用中,使用 SQL 语句对数据信息进行处理。表 6.23 给出了系统数据库测试的测试列表,需要对数据库的数据完整性、数据有效性以及数据操作和更新 3 个主要方面开展测试活动,并设计相应的测试用例。

例如,在测试数据有效性方面,当在该系统后台数据库中增加了一位新同学后,需要测试能否在系统前台查询出这名新同学的相关信息,其测试用例如表 6.24 所示。

表 6.23　数据库测试列表

检 查 项	测 试 内 容
数据完整性	测试的重点是检测数据损坏程度。开始时,损坏的数据很少,但随着时间的推移和数据处理次数的增多,问题会越来越严重。设定适当的检查点可以减轻数据损坏的程度。例如,检查事务日志,以便及时掌握数据库的变化情况
数据有效性	数据有效性能确保信息的正确性,使得前台用户和数据库之间传送的数据是准确的。在工作流的变化点上检测数据库,跟踪变化的数据库,判断其正确性
数据操作和更新	根据数据库的特性,数据库管理员可以对数据进行各种不受限制的管理操作。具体包括增加记录、删除记录、更新某些特定的字段

表 6.24　验证是否成功添加了一位新同学信息的测试用例

用例号	操作描述	输入数据	期望结果	说　明
023	(并发执行以下操作:)数据库管理员增加一名新同学的记录。用户在前台页面查询这名新同学的相关信息	在后台数据库中按要求输入该学生表中每个字段的数据值	正确显示新增同学信息(允许查询结果可能给出不完整的相关信息,如有空的字段等)	一致/不一致
024	N 个用户同时执行相同的查询操作	(要查询同学)字段名＝用户数＝	在可以接受的响应时间内,所有用户得到正确的显示结果	一致/不一致

6.4　思考与习题

1. 什么是软件功能测试?

2. 一般软件系统与高级 Web 应用系统的功能测试内容主要有哪些?

3. 什么是软件非功能性测试?

4. 软件性能测试的基准主要考虑哪些方面?

5. 软件安全性测试内容主要体现在哪几个方面?

6. 请简述软件一般性测试、稳定性测试、负载测试与压力测试的定义。

7. 软件兼容性测试的内容主要有哪些?

8. 请从软件的实际操作角度谈一谈对图形用户界面测试(GUI)的主要内容有哪些?

9. 结合身边实例,简述对于一个 Web 网站需要测试哪些方面的内容。

10. 通过查阅相关资料,了解软件性能测试工具 Load Runner 与 Rational Performance Tester 的安装方法。

第 **7** 章　软件测试的发展与未来

CHAPTER

本章学习目标

- 了解软件自动化测试的内涵、优势、平台（框架）中的主要构件以及在不同测试阶段的应用情况
- 了解软件测试工具的概念、优势、分类、选择标准
- 了解软件能力成熟度模型（Capability Maturity Model，CMM）的基本概念以及 CMM 的 5 个等级之间的区别与联系
- 了解我国软件企业实施 CMM 的现状
- 了解移动终端 App 的测试内容
- 学习与了解软件探索性（式）测试组织与实施的过程及常用的一些探索性测试设计方法
- 了解人工智能时代为软件测试带来的变化

　　软件工程发展到今天，人们的日常工作与学习已离不开对各类软件。软件无处不在，其提供的服务及其质量更与我们的生活息息相关，甚至已成为当今人们津津乐道的"吐槽"话题。从软件测试的发展来看，尽管软件测试的方法、流程、工具等都在不断进步，但是软件开发技术以及应用环境（如云计算、大数据、区块链、物联网、人工智能等）也都在不断变化，这些会给软件测试带来新的挑战。对现代软件测试行业及 IT 从业人员来说，把软件测试活动纳入整个软件开发体系，从测试工作效率和产品质量出发引入软件自动化测试方案，可以减轻手工测试工作量；对软件质量的保证（保障）与管理，已经从早期单纯的对软件开发形成的用户终端产品的测试发展到当今对软件产品开发全过程的监控、检验、管理以及过程改进。企业对软件的质量保证策略也已从对用户终端软件产品的"纯静态"测试发展到对软件开发流程的动态与持续的控制过程，强调的是监控软件开发过程的"动态性与持续性"，其核心思想是对过程的策划、控制和过程能力的持续改进。较之于传统的 PC 桌面客户端的 Web 系统的页面测试，在移动互联时代，针对各类智能移动终端的 App 测试已成为主流。此外，高度强调

测试人员凭借测试经验激发测试思想,充分运用探索性(式)的测试方法,借助不断学习来改进测试的设计与执行,在测试过程中与脚本化测试方法相结合,以达到不断互补优化,也是当前软件测试的研究热点。最后,在当前人工智能的时代下,软件测试行业的从业人员更需要了解人工智能为软件测试带来的一些变化,以及如何运用人工智能技术为软件测试服务,这将是软件测试的未来发展方向。

7.1 软件测试自动化

测试自动化即指"一切可以由计算机系统自动完成的测试任务都已经由计算机系统或软件工具、程序来承担并自动执行"。在大多数软件开发模式中,软件最终版本发布之前都要经过多次反复的(代码)修改与重复测试(注:如果要测试软件的某项特征,需要不止一次地执行测试,这样重复性的测试过程也称为回归测试)。在实际测试中,一个小型规模的软件系统项目往往有几百上千条测试用例需要执行,还要重复执行,这样手工测试的工作量会很大,也非常枯燥。而有效利用相应的软件测试工具进行自动测试,就可以把测试人员从这种枯燥单调的重复性劳动中解放出来。

简单地说,软件测试自动化就是通过相应的软件测试工具,按照测试人员事先预定的计划和设计好的测试用例对软件产品进行自动测试。通常,测试用例在完成设计并通过评审之后,由测试人员根据测试用例中描述的流程(场景)一步步地执行测试,得到实际结果与期望结果的比较。毋庸置疑,软件测试自动化可以省去一些繁杂的工作,缩短软件测试时间,提供比手工测试更快、更好的测试执行方式。因此,在软件测试的某些阶段中(如单元测试、回归测试等),采用软件测试自动化和测试工具会给整个软件开发工作的质量、成本和周期带来非常显著的效果。

在软件敏捷开发模式下,由于用户需求变更频繁,每天(日)都需要进行(代码)集成及软件(模块)构建工作,所以每天都要开展相应的软件模块验证测试活动。手工测试花费时间巨大,完成效率低,所以也需要通过软件测试自动化的方式来完成。本书仅对软件自动化测试的内涵、原理、方法以及测试工具的分类与选择等做初步介绍,感兴趣的读者可以查阅相关书籍。

7.1.1 软件自动化测试

什么是软件自动化测试?简单地说,就是利用相应的测试工具或编程语言搭建测试平台,通过编写或录制测试脚本(测试工具执行的一组编码指令集合,使计算机能自动完成测试用例的执行)的形式设置特定的测试场景,模拟用户业务使用流程,来自动寻找缺陷的过程。相对于手工测试,自动化测试把由手工逐个运行测试用例的操作过程转化成测试工具自动执行的过程。其优点是能够快速、重用,替代人的重复性活动。尤其是在软件回归测试阶段,可充分利用自动化测试工具自动进行大量的、重复性的执行测试用例工作,无须测试人员手动重复执行,极大地提高了测试效率,缩短测试时间。此外,在针对一些分布式大型 Web 网络系统开展性能测试或压力测试时,往往需要事先测试几千个、几万个甚至几十万个用户同时(或在某个时间段内)访问某个站点的情况,以保证网站服务器不会出现崩溃或死机等现象。若采用手工测试方法,在工作中找到几万人模拟不同的用户同时打开一个网站站点也是不现实的。若利用测试工具(如性能测试工具LoadRunner)来模拟多用户并发访问 Web 站点的情况,是非常容易做到的。

往往一些初学者未必能分清软件的测试自动化(Test Automation)与自动化测试(Automated Test)二者的区别。相比较而言,"测试自动化"的含义更广泛,可以理解成"所有的测试任务都已经由计算机系统或软件工具、程序来承担并自动执行",像现代比较流行的软件敏捷测试流程,其中的单元测试、集成测试、功能测试、性能测试、回归测试以及软件测试(或软件缺陷)管理与维护等过程大都可以由计算机系统自动完成。而"自动化测试"的含义主要着眼于测试执行阶段,由相应的测试工具自动完成测试。当然,现在也有一些同类的软件测试书籍对"测试自动化"与"自动化测试"这两个概念并不做区分,把二者看作是同一个概念。

1. 自动化测试的特点

相比较传统的手工测试,自动化测试的运行速度快、准确、可靠,有助于缩短测试周期,提高软件开发效率,节省测试人力资源等。尤其是在软件敏捷开发环境下的回归测试及软件性能(包括压力、负载等)测试方面,其具有以下两个显著的特点。

(1) 自动化的回归测试。

回归测试作为软件(测试)生命周期的一个组成部分,在整个软件测试过程中占有很大的工作量比重。尤其是在敏捷开发环境下,由于在较短时间周期内,软件的模块功能需要不断变更(迭代),软件新版本在较短的时间周期内(通常周期为 1~2 天)连续发布,会使回归测试更加频繁。

一方面,回归测试是指重复以前的全部或部分的相同测试活动(在有些情况下,甚至会要求每天都进行若干次回归测试);另一方面,回归测试必须要不断重复已执行过的测试活动,避免程序修改时对原有的正常功能产生影响。如果在回归测试阶段采用自动化测试方法,即每次通过测试工具自动执行大量的、已经完全设计好的测试用例(脚本),省时省力,即使有些改动一般也不会太多,而且测试的预期结果也是完全确定的。与手工测试的工作量对比,自动化测试在初次测试时要开发相应的自动化测试用例(脚本),工作量会稍微多一点。但是,随着软件的模块功能不断变更(模块代码不断修改),回归测试的次数会逐渐增多,而总工作量却明显小于手工测试(例如,目前很多测试机构都是在前一天下班前开始部署回归测试,现场也不需要有人,第二天早晨上班后就可以得到准确的测试结果)。此外,回归测试的次数越多,工作量减轻的效果就越明显。

(2) 自动化的性能测试。

在软件性能测试中,需要在某一时刻内模拟大量的用户并发数(负载量),即模拟成百上千的并发用户来测试并发现系统的性能瓶颈、验证各种性能指标等。所以,不使用相应的(性能)测试工具是根本无法完成的。因此,针对类似性能(压力、负载)测试这种需要模拟大量用户和并发任务的非功能性测试活动,也必须采用自动化测试来完成。

除此之外,软件自动化测试的优势还主要体现在提高软件功能测试基本操作和数据验证的质量和效率;规范测试流程,方便地进行软件缺陷跟踪和管理过程;便于更好地保持软件程序代码、测试用例和相关文档记录版本之间一致性;软件单元测试的全面性会明显优于手工测试;把单调、烦琐以及大量重复性的工作交由自动化测试完成,以更好地减轻人力测试资源等。

朱少民[①]从高效率(速度)、高复用性、覆盖率、准确与可靠、不知疲劳、激励团队士气等方面比较了传统手工测试与软件自动化测试的特点,如图7.1所示。表7.1则详细地描述了图7.1中自动化测试的每一个特点。但是从软件企业的角度看,部署一个稳定的自动化测试运行环境(平台)的资金投入也是巨大的。当然,还有资料显示,对于发现软件界面是否友好、用户界面的操作易用性以及一些复杂的用户业务流程判断等方面的缺陷,手工测试更具有明显的优势,这是自动化测试无法取代的。

图 7.1　手工测试与自动化测试的比较

表 7.1　自动化测试的特点

自动化测试的特点	特 点 描 述
高效率(速度)	自动化测试的速度快,这是手工测试无法达到的
高复用性	在软件回归测试阶段,对于事先设计好的测试用例(脚本),可以一劳永逸地运行很多次
覆盖率	一些手工测试无法做到的地方,自动化测试可以尽可能多地做到。例如,对某一个网站(例如主页的打开速度)进行性能测试,通常手工测试方法无法模拟出500个用户同时并发访问该网站主页的情况。但是,自动化测试可以很轻易地模拟出 500 个、5000 个乃至超过 10000 个用户(程序)并发访问该网站的场景
准确与可靠	例如,采用自动化测试方法开展对 1000 个用户并发完成某 Web 系统上的数据查询功能,则会得到一个准确而可靠的数据(如实际用时是 0.337s),不会出现任何差异,更不会误报
不知疲劳	手工测试完全由人工完成,如某位测试人员连续工作 4 个小时之后会感到疲倦。自动化测试则可以不间断地去工作(执行设计好的测试任务),测试工具永远也不会"疲劳"
激励团队士气	测试团队成员通过实施自动化测试,会有更多的机会学习部署测试环境,搭建测试平台,安装(配置)测试工具,编写测试脚本程序等,掌握这些测试技术后,反而会觉得测试工作更有趣,更能增加个人的测试工作经验等

①　朱少民. 软件测试[M]. 2 版. 北京:人民邮电出版社,2016.

2. 自动化测试应用简介

自动化测试及其应用是当前软件测试行业的一个难点。目前国内一些中大型软件企业的测试部门都部署统一的自动化测试平台(包含开发人员客户端计算机、测试人员客户端计算机、测试(管理)服务器、Web 服务器、文件服务器、数据库服务器等),平台上安装各类软件开发环境、测试工具、测试数据分析软件、测试管理类软件等,用于开展对各类 Web 软件系统的自动化测试活动。软件自动化测试平台的搭建对本地计算机软、硬件环境要求较高,搭建流程复杂,通常由软件企业的测试部门负责人或资深测试工程师负责。这里仅对软件自动化测试(运行)平台的搭建框架以及自动化测试在不同测试阶段的应用情况做大致介绍[1][2]。

(1) 自动化测试平台的搭建。

搭建一个理想的自动化测试平台需要投入一定的资金,平台要具有良好的稳定性与高性能,能够在无人看守的情况下(例如在下班时间)自动执行相应的测试任务。从硬件部署的角度看,平台至少需要配置有开发(人员)终端及测试(人员)终端计算机,用于开发测试脚本,提交测试任务;配置一组测试服务器与管理服务器,负责执行、调度与管理测试任务;配置文件服务器,用于存放各种测试工具(软件包)、大量待测试的测试用例(集)以及测试脚本文件等;配置高性能的 Web 服务器,能够显示测试结果,生成测试数据统计报表等。从软件安装的角度看,平台上能够安装与运行不同的测试工具,可以流畅地、协同化地、并行地完成同一个测试任务。图 7.2 为一个典型的软件自动化测试平台(框架),该平台中主要(硬件)构件的作用如表 7.2 所示。

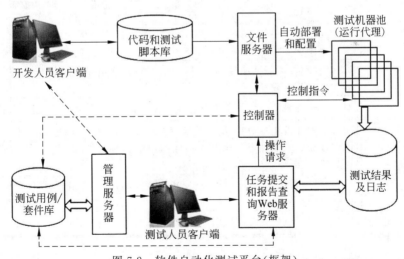

图 7.2　软件自动化测试平台(框架)

---

① 朱少民. 软件测试[M].2 版. 北京:人民邮电出版社,2016.

② 朱少民. 全程软件测试[M].3 版. 北京:人民邮电出版社,2019.

表 7.2　软件自动化测试平台(框架)中主要(硬件)构件的作用

主要(硬件)构件	作用(功能)
控制器	负责测试任务的执行、调度。例如,从文件服务器读取测试用例,发布测试指令,跟踪(监控)测试终端计算机的测试状态等
机器池	由一组测试用的服务器组成,负责测试任务的执行(如启动相应的测试工具、打开测试环境、执行测试任务等)
Web 服务器	负责显示测试结果,生成(测试数据)统计报表,接收测试人员的指令或向有关人员发送测试结果等
文件服务器	存放各类软件开发包、测试工具(软件)包、各类测试套件(用例)、测试脚本文件等
管理服务器	负责各类测试用例(套件)的创建、编辑测试脚本及维护工作等

(2) 自动化测试在不同测试阶段的应用。

与人工测试相比,自动化测试的确具有很多优势,现在国内很多软件企业的测试部门都逐步引入自动化测试,其在不同的软件测试阶段中也都得到良好的应用。自动化测试为软件企业带来的好处很多,尤其是充分利用了计算机硬件资源,有效降低企业人力测试资源成本。

目前,很多软件企业的测试部门已把自动化测试充分应用于软件的单元测试、集成测试、功能测试、性能(负载)测试、回归测试以及确认测试阶段中。表 7.3 对自动化测试在不同测试阶段的应用进行了描述。

表 7.3　自动化测试在不同测试阶段的应用

自动化测试的应用	应用描述
单元测试	在单元测试中,程序员可以使用自动化测试方法完成代码扫描(静态测试),检查出程序中的语法(逻辑)错误
集成测试	通常,针对敏捷测试项目,必须每天采用自动化测试方法完成软件代码及模块的集成(构建)等
功能测试	对大量软件被测模块的基本操作及数据验证,可以采用自动化测试方法完成
性能(负载)测试	模拟不同并发用户数目(通常按照逐渐递增的模式)访问被测系统,通过发现系统的性能瓶颈来确定系统各项具体的性能指标。性能(负载)测试必须要由自动化测试完成
回归测试	只要软件(模块)代码一改动,就要再次重复已存在(已进行过)的测试活动,避免改动后的代码对原有正确的功能有影响。一般通过自动化测试完成会省时省力
确认测试	以自动化测试的方式模拟用户(使用)场景,对用户希望的软件功能进行测试。

注:关于功能测试,对软件功能的一些适用性方面、用户界面友好性方面的测试,还是要使用手工测试方法。目前也有一些软件企业认为,确认测试阶段适合采用手工测试方式。

3. 正确认识自动化测试

自动化测试固然具有其优势(如可以显著降低重复手工测试的时间等),但是现代软件企业的测试部门(机构)也要清晰地认识到,自动化测试有它特定适用的范围,并不适应所有的测试应用场合,不可能完全替代手工测试。例如,对于一些开发周期短、一次性投入市场使用的软件项目,就不适合采用自动化测试手段。软件的用户界面美观性、友好性、易用性方面的测试,同样也不适合自动化测试等。所以,在实际测试活动中,很多测试过程还必须依靠手工测试完成(注:也有资料表明,由于测试工具本身缺乏想象力与创造性,所以很多面向用户工作、生活领域的 Web 软件,自动化测试仅仅能发现不到 15% 的缺陷,而手工测试却可以发现 85% 以上的缺陷)。也就是说,自动化测试和手工测试在实际工作中也应当取长补短、综合使用。

目前,很多资深测试工程师认为,在系统功能的逻辑测试、验收测试、适用性测试、交互性测试中,多采用手工测试方法。而单元测试、集成测试、系统负载或性能、可靠性测试等比较适合采用自动测试方式。

此外,并不是某软件测试部门仅仅(单纯)使用了一些测试工具就表明其高度引入了自动化测试,自动化测试的引入还包括建立自动化测试的思想和方法,搭建有效的自动化测试平台,应用并完善相应的自动化测试工作流程,而这一切都必须充分考虑企业自身的实际(资金)状况,更要不断地培养具有良好素质、经验的测试人才。所以,这也要求测试人员从事自动化测试工作时不仅要熟悉软件测试的一些基础性知识,还要掌握自动化测试平台的构建技术,具备较高的软件编程能力。

7.1.2　软件测试工具简介

软件测试工具是一种特殊的程序,用来模拟测试人员对被测软件的测试过程,它模拟完成数据的请求、接受,检查软件程序等一系列测试行为,并以直观的方式显示,使测试人员更好地找出软件的错误,提高测试效率。软件测试工具一般由第三方专业厂商开发,价格较昂贵。当然,网络上也有很多开源的测试工具,供免费使用。

1. 测试工具的优势

传统的手工测试方式存在很多不足。例如:在单元测试时,往往无法对某一测试做到覆盖其所有代码路径;在对基于互联网运行的系统做性能测试时,需要在某一时刻模拟大量并发用户或大量数据对系统进行访问的场景;很多大型软件需要在短时间内(半天之内)完成大量(几千至几万)测试用例的运行;对于一些安全性要求较高的系统,需要模拟系统运行几十年以上,以验证系统能否稳定运行等。而手工测试几乎不可能完成对上述这些情况的测试过程。

使用测试工具,会给测试工作带来以下优势。

① 易于完成软件产品稳定性、可靠性等方面的测试,如负载测试、压力测试、性能测试等。

② 缩短软件测试周期,节省人力资源,降低测试成本。

③ 提高软件测试的精确度与准确度,增加软件信任度。

④ 方便测试管理环节(测试流程跟踪、测试用例管理、测试缺陷管理等)。

2. 测试工具的分类

测试工具可以从不同的测试方面分类。例如，根据测试对象和目的，可以分为功能测试工具、性能测试工具、测试管理工具、负载测试工具等。根据实现原理的不同，可以分为白盒测试工具、黑盒测试工具等。表 7.4 按照测试内容列出了一些常用的测试工具名称及其开发厂商。

表 7.4 常用软件测试工具

内容 ＼ 厂商	IBM Rational	HP Mercury	开源类	其 他
需求管理	Requisite Pro	TestDirector	Testopla	
单元测试	Purify Plus		Cppunit/Junit	C++ Test/Jtest/DevPartner
功能测试	Functional Tester Robot	QTP WinRunner	STAF/Jameleon/Selenium	QARun/TestComplete
性能测试	Performance Tester	LoadRunner	Jmeter/OpenSTA	QALoad/WEBLoad
缺陷管理	Clear Quest	TestDirector		JIRA/Bugzilla
测试管理	Clear Quest	TestDirector	Testopla/Testlink	

关于每一种测试工具的配置过程与具体使用方法，读者可以参阅高级软件测试书籍。

3. 选择测试工具考虑的问题

测试工具为日常测试工作带来了便捷，选用已有的、成熟的测试工具是一种较明智的方法。但是，是否测试工具都适用于任何测试场合？是不是测试工具的功能越强大就越好？测试工具选择的标准是什么？这些都是软件企业选择测试工具时需要考虑的实际问题。

首先，测试工具不适合以下的测试场合。

① 依靠人体感观（视觉、听觉等）审美才能完成的测试活动不适合使用测试工具。例如，人机交互界面的文字布局、声音音效、图片、动画效果、用户操作的易用性测试等。

② 迭代开发周期较短的项目。迭代开发周期短，说明软件模块的功能变更频繁，而花费大量时间准备的测试用例（脚本）因测试模块功能变更将无法得到重复利用。

③ 业务规则复杂的测试项目。由于测试项目的业务流程过于复杂，使用测试工具准备时间会远远大于手工测试的时间。

其次，测试工具的功能并非越强大越好。

不可否认，关注测试工具具备的功能特性是确定工具的选择标准，但是这并不是说测试的功能越强大越好，因为适用是根本，能够解决问题是前提。暂不论功能强大的测试工具一般价格不菲，很多中小企业难以承担其高昂的购买费用。关键是测试工具的配置对计算机系统、硬件、网络环境要求很高，而且使用复杂，甚至不稳定，对于开发规模不是很大的软件系统，还存在许多功能用不到的情况。"花钱购买用不到的功能"是不可取的，随着功能简单的开源类测试工具越来越多,中小企业会有更大的选择范围。

最后,谈一谈关于测试工具的选择标准。特有的功能特性要求是选择测试工具时需要关注的地方。目前,国内外很多资深测试专家结合实际测试经验,认为在测试工具的选择上需要遵循下列标准。

(1) 跨平台与环境的兼容性。

测试工具需要支持各种不同的运行平台(操作系统),一套测试用例或测试脚本可以在不同的平台或浏览器运行,意味着执行测试用例的效率高出几倍。

(2) 操作界面简单,易于学习。

(3) 支持脚本语言。

测试工具要能构造出类似编程语言的、简单的程序结构(条件分支、循环),能够实现变量定义、参数传递、多种数据的输入等功能,支持的脚本语言接近熟悉的编程语言,如C++、VB 等,易被程序员接受。

(4) 提供图表功能。

可以以图表的形式生成测试结果,显示直观,易于测试分析与数据统计。

(5) 支持面向数据驱动的脚本。

测试工具生成的测试脚本支持对一些流行数据库、格式文件的存取操作,有利于测试脚本的代码与数据输入的分离,减少对测试脚本维护的工作量。

(6) 测试工具与团队开发工作能够具备一致性与连续性。例如,与开发工具进行良好的集成,测试工具的应用不会对未来软件升级带来影响。

7.2　软件质量保证与能力成熟度模型(CMM)

什么是软件质量? 美国 IEEE 组织的定义是:软件产品满足规定的隐含的与需求能力有关的全部特征和特性,其中包括软件产品质量满足用户要求的程度;软件各属性的组合程度;用户对软件产品的综合反映程度;软件在使用过程中满足用户要求的程度等。

那么,如何在软件的开发过程中保证其较好的开发质量呢? 本节在软件质量管理体系的基础上,将简要介绍目前很多软件企业采用的用于评测(衡量)整个软件开发过程是否完善的知识模型,即基于软件测试成熟度的知识模型。当然,这也成为当前 IT 行业用来评价一个软件企业是否具有较高软件开发质量的标识。

7.2.1　软件质量保证

1. 什么是软件质量

软件质量是软件与其"明确的"和"隐含的"需求相一致的程度。

具体地说,软件质量就是软件与描述其功能需求以及非功能性需求、软件文档中明确描述的开发标准以及与市场上同类软件产品都应该具有的隐含特征(隐性需求)相一致的程度。

《软件测试文档 IEEE 标准》(IEEE Std 829—2008)从以下 3 个方面反映了软件的质量。

① 软件需求是衡(度)量软件质量的基础。

② 在各种标准中定义开发准则,指导软件开发要使用工程化的方法。

③ 软件需求中一些未明确提出的隐性需求。

同样,国际 ISO 组织把软件的质量分为 6 个部分,即功能性、可靠性、效率(可用性)、有效性、可维护性和可移植性,其中每一部分的质量又为软件属性各个方面的组合,如表 7.5 所示。

表 7.5　软件的质量及相关构成属性的描述

软件质量	属性	描　　述
功能性	适合性	软件产品为用户提供合适的功能的能力,即探讨软件能提供给用户的功能是否合适的问题。例如,某手机通讯录软件,其具有"建立联系人"以及联系人之间"发送文件"的功能就很合适。若该软件还具有"网上购物"的功能,就不太合适
	准确性	指软件产品所能达到提供给用户所需功能的精确(准)度的能力。例如,A 与 B 是两款同类的拍照软件,为用户提供拍照功能。若 A 软件拍摄出的照片最大精度只能达到 1000 像素,而 B 软件拍摄出的照片最大精度却能达到 3000 像素,尽管两款软件均能实现为用户拍照功能,但是两款软件提供拍照功能的准确性,A 软件是要低于 B 软件的
	互操作性	软件产品与一个或多个规定系统进行交互的能力。例如,Office 2010 软件与大多数厂商生产的打印机之间都具有良好的互操作性(交互能力)
	保密安全性	指软件产品保护信息和数据的能力,使未授权的用户(或程序)不能获取或修改这些信息和数据,而不拒绝授权用户对它的访问。例如,软件对不同用户登录权限的管理、对系统数据的保护、加密、备份等
	功能性的依从性	指软件产品遵循与功能性相关的行业标准、约定、法律法规(或类似规定)的能力。这些标准要考虑国际标准、国家标准、行业标准、企业内部的标准(规范)等。例如,某手机软件在使用时,对周围产生的辐射需要遵循有关国际(国家)标准、行业标准等
可靠性	成熟性	指软件产品为避免由软件中的错误而导致失效的能力。例如,某网上支付软件(工具)在遇到无法支付的问题时,需要有相应的问题处理手段等
	容错性	指在软件出现故障或非法操作时,软件产品能够维持规定性能级别的能力。例如,用户通过支付宝软件缴纳电费,如果出现意外(比如缴纳用户错误),支付宝会给国家电网一个反馈,国家电网有关服务器会处理这种意外情况的能力
	易恢复性	指在软件失效(崩溃)的情况下,软件产品重新达到规定的性能级别并自动恢复有关数据的能力。例如,用户在编辑 Word 文档时系统突然出错(如系统死机),在系统重启后,原 Word 文档中的内容会自动保存(Word 软件具有良好的易恢复性)
	可靠性的依从性	指软件产品遵循与可靠性相关的国家标准、约定或法规的能力(注:关于软件可靠性的依从性,不同的国家制定有不同的规定)

续表

软件质量	属性	描　　述
易用性	易理解性	指软件产品在提供用户功能时,具有用户能够容易(易于)理解其操作方式、使用方法等方面的能力。例如,A 与 B 两款打字软件均能实现中文输入的功能,A 软件通过"搜狗拼音"实现中文输入,而 B 软件通过"五笔"实现中文输入。相比较而言,A 软件的易用性便于(初学者)理解
	易学性	指软件产品使用户能学习其应用的能力。例如用户手册,是否有中文版的文档报告
	易操作性	指软件产品使用户能操作和控制它的能力。例如在手机的任何页面,按 Home 键都能返回主页等
	吸引性	指该软件产品吸引用户的能力。吸引性也就是用户体验,例如抖音、微信等手机应用程序能吸引很多的用户
	易用性的依从性	指软件产品遵循与易用性相关的标准、约定、风格指南或法规的能力,这些标准要考虑国际标准、国家标准、行业标准、企业内部规范等,例如企业内部的界面规范。例如软件的提示是否一致,图标风格是否一致,错误处理格式是否一致等
效率(有效性)	时间特性	指在规定条件下,软件产品执行其功能时,提供适当的响应和处理时间以及吞吐率的能力,即完成用户的某个功能需要的响应时间。例如,在规定的网速带宽下,某个页面的响应时间必须在多少秒内
	资源利用率	指在规定的条件下,软件产品执行其功能时,使用合适的资源数量和类别的能力。例如 CPU、内存等资源的利用率
	效率的依从性	指软件产品遵循与效率相关的标准或约定的能力。例如页面响应时间,可能行业标准是 2s 内响应是快,5s 是慢,8s 是极慢
可维护性	易分析性	指软件产品诊断软件中的缺陷或失效原因或识别待修改部分的能力。当软件发生缺陷或失效时,易分析性就是易定位,可以很快地找到缺陷位置
	易改变性	指软件产品使指定的修改可以被实现的能力。 软件一旦发生问题,在定位到缺陷位置后,修改其中的一部分,就能很快地解决问题,而不是牵一发而动全身,导致代码要大改,也就是编程中强调的解耦合,使各功能相互独立,出了问题不至于引发一系列问题。另外就是再开发时预留一些扩展接口,方便日后代码迭代升级
	稳定性	指软件产品避免由于软件修改而造成意外结果的能力。在编码时,避免硬编码,例如将数字写死在代码中,导致程序发生隐患,降低了程序的稳定性
	易测试性	指已修改后的软件能有被确认的能力。例如软件 UI 界面的某些按钮,按下会有反馈等,某些选项有提示,这样就比较容易测试。例如 500 人的群,测试就会有点麻烦。但越是难以测试到的功能点,安全隐患也就越大
	维护性的依从性	指软件产品遵循与维护性相关的标准或约定的能力。例如编码时没有严格遵守编码规范,那么在后续维护时,会因为缺少相关注释或不规范导致维护相当麻烦

软件质量	属性	描　　述
可移植性	适应性	指软件产品无须采用某些特别的准备活动或者手段,就可以适应不同的指定环境的能力。简单地说,即不需要做相应变动,软件就能在不同的系统平台中安装或部署
	易安装性	指软件产品在指定的环境中被安装的能力。例如,某软件在 Windows 平台下会自动安装其最新的补丁文件,而无须用户手动参与
	共存性	指某软件产品在公共环境中,与其他需要分享(系统)公共资源的软件共存的能力。例如,同一系统下某 Web 软件会严重影响 Office 软件的正常运行功能,就是该 Web 软件不能与 Office 软件共存
	易替换性	指软件产品在同样的环境下替代另一个相同用途的指定软件产品的能力。例如,某杀毒软件的升级,无论是在线升级或是打补丁升级,这里就包含该杀毒软件之前版本的已替换性的属性了。版本升级完毕后,不能出现该软件的老版本无法卸载或新版本与其他软件不兼容等情况
	可移植性的依从性	指软件产品遵循与可移植性相关的标准或约定的能力。例如,在安装软件时,Linux 平台和 Windows 平台的路径分隔符是不一样的。某软件在开发时,开发者就要充分考虑到该软件被安装到不同系统平台下会产生不同的(安装)路径分隔符情况

　　注：表 7.5 中关于软件的质量及相关构成属性的描述内容部分摘自网络博文——《软件质量管理》[①]。

　　(1) 功能性。

　　当软件在指定条件下使用时,软件产品能够提供满足用户明确的及隐含要求的功能能力。其又分为 5 个方面的软件属性：适合性、准确性、互操作性、保密安全性与功能性的依从性。

　　(2) 可靠性。

　　软件在指定条件下运行时,软件产品能够达到维持规定性能级别的能力。其又分为 4 个方面的软件属性：成熟性、容错性、易恢复性与可靠性的依从性。

　　(3) 易用性。

　　在指定条件下使用该软件时,软件产品能被用户理解、学习、使用以及吸引用户的能力。其又分为 5 个方面的软件属性：易理解性、易学性、易操作性、吸引性和易用性的依从性。

　　(4) 效率(有效性)。

　　在规定的条件下,相对于所用资源的数量,软件产品可提供相应性能的能力。其又分为 3 个方面的软件属性：时间特性、资源利用率与效率的依从性。

　　(5) 可维护性。

　　维护人员对该软件进行维护的难易程度,即维护人员理解、改正、改动和改进该软件

---

　　① 天之坚毅. 软件质量管理[EB/OL]. (2019-11-27) [2020-01-12]. https://www.cnblogs.com/ sundawei7/ p/ 11945341.html.

的难易程度。其又分为 5 个方面的软件属性：易改变性、稳定性、易测试性、易测试性与维护性的依从性。

（6）可移植性。

指某软件能够独立于其所依赖的计算机软硬件环境的能力。

目前，也有一些软件企业及学术组织把软件的质量分为软件的内部质量与外部质量两部分。内部质量是指软件研发过程中软件的质量，在该过程中会产生需求文档、概要设计、详细设计等文档依据，这些文档的优劣直接影响内部质量，内部质量由开发人员把控。外部质量是指软件开发完成后整体运行时暴露出来的质量特性，外部质量的界定是由系统测试来对软件进行质量评判的工作，外部质量由测试人员把控。

2. 软件质量保证简介

软件质量保证（Software Quality Assurance，SQA）是指软件企业在软件开发中通过建立一套有计划、系统性的方法，保证软件产品在其生命周期内所有阶段的质量。当然，在这套方法中所制定的标准、流程、实践步骤等能够被该企业所有的软件项目所采用。

现代企业关于软件质量保证主要包括的内容如下。

① 制订各个阶段的质量保证计划。

② 建立开发文档、质量文档等其他文档的管理机制。

③ 收集、整理和分析个阶段的质量信息等。

其中，制订各个阶段的质量保证计划需要遵循以下原则。

① 制订的质量策略必须与组织内的运营战略、策略和方针保持一致。

② 以客户的需求作为第一要素。软件质量的所有计划、标准最终都要与用户需求一致。

③ 正确控制质量标准的水平，保证开发成本不超过合理范围。

④ 制订质量计划前必须从管理层到具体的开发组进行充分的交流，在质量计划的方针和标准上达成一致，这里最重要的要得到管理层的支持。

⑤ 制订的质量计划是一个详细的计划，它要可以对所有过程进行质量控制。

⑥ 质量计划的制订也必须进行反复的评审，逐步形成一个软件质量目标。

⑦ 要保证质量计划本身的质量文档的规范性和完整性。

制订软件质量计划的过程，可以从输入、处理与输出的角度来分析，如图 7.3 所示。

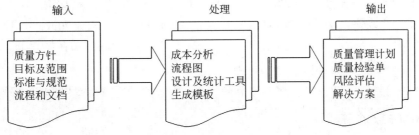

图 7.3　软件质量计划的制订过程

其中,"输入"是一些定义性的内容,包括确定软件产品的质量要求、设计标准、开发规范及相关软件文档的编写要求(规范)等。"处理"是指通过一些(软件开发方面)辅助工具和方法形成具体的要求和管理过程。"输出"是指最终得到的质量计划的预期结果及解决方案。

当然,在实际的软件开发中,国内很多知名软件企业会遵循严谨的软件质量管理过程,即开展对软件的质量策划、质量控制、质量保证和质量改进等与软件质量相关的相互协调的一系列活动。对企业所采取的软件开发流程,会定期开展内部审核和管理评审,采取有效纠正与预防措施,并始终保持软件的开发质量与目标的持续发展。读者可以自行阅读一些软件质量保证方面的书籍深入了解。

7.2.2 软件能力成熟度模型——CMM

如何从软件质量的角度来评价一个软件企业开发出的软件是否具有有效性或效率呢? 如何证明当前软件开发过程的优劣性呢? 回答这个问题之前,有必要先了解一下"软件过程"的概念。

1. 软件过程

什么是软件过程? 软件过程是软件生命周期中一系列与软件相关活动的集合,包括软件的开发方法、开发工具、实践流程、过程管理等。当然,开发与维护软件及其相关产品(例如项目计划、软件需求规格说明书、各类设计文档、代码、测试用例、测试分析报告用户手册等)的一组活动、方法、实践和改进流程也可以称为软件过程。

也就是说,一个有效的软件过程涉及软件在整个开发过程中需要的各种要素,包括方法、工具、文档、技能、培训以及对开发人员的管理、激励等多方面因素。所以,现代很多软件企业在衡量(评价)其采用的软件开发过程是否具有科学性、系统性、合理性、规范性、有效性等特性时,一般会从这些特性出发,引入软件(开发)能力成熟度模型(CMM)的概念,用来衡量一个软件企业软件开发效率的高低。

2. CMM 简介

CMM(Capability Maturity Model)即软件的能力成熟度模型,目前已成为国际上最流行、最实用的一种软件生产(运作)过程标准,也是众多软件企业所流行使用的一种软件开发过程的行业标准模型,得到国内外软件产业及 IT 行业的充分认可。其核心是把软件开发看作一个动态的生产过程,是对软件在定义、实施、度量、控制和改进过程的实践中的描述。CMM 主要用来评价或衡量某个软件整个开发过程(流程)的成熟度,并对提高软件开发质量提供相应的指导。目前,国内很多软件企业会根据 CMM 对其软件的开发和维护进行过程监控和研究,以使其更加科学化、标准化,更好地实现商业目标。

3. CMM 的 5 个等级

CMM 共分为 5 个等级,从低至高分别为初始级、可重复级、已定义级、已管理级、与优化级。

（1）初始级。

初始级也称作混乱级，即软件的开发过程处于无序状态，缺乏对软件过程的有效控制和管理。从软件工程的角度看，如果某个软件企业缺乏稳定的开发环境，没有规范的项目管理流程，没有团队合作，更谈不上遵循系统化、科学化、规范化的开发过程，软件项目的成功完全取决于个别"精英"员工的"超常发挥"，具有很大的偶然性。在这种情况下，该企业的软件开发能力成熟度就属于初始级。

由此可见，若某软件企业的 CMM 处于初始级，只能说明其软件开发过程极不规范，自始至终"无章可循"，软件项目的进度、成本、功能和质量是无法预测和控制的，是需要摒弃的。目前，国内绝大多数规范的软件企业的 CMM 都能达到初始级之上。

（2）可重复级。

可重复级是指软件企业已建立了基本的现代项目管理制度，并采取了一定的资源控制手段指导软件开发全过程。企业具有同类软件项目的开发经验，根据以前在同类项目上的成功经验建立起有效的软件开发、管理和控制措施。能够对软件开发过程进行定义，并制定出相应的软件项目运作过程标准（例如，要求在软件需求分析阶段就要同时订制测试计划、在软件设计阶段要开展相应测试用例的设计、只有通过单元测试的软件模块才允许开展集成测试等），并且在实际开发过程中严格遵循。

与初始级相比，若某软件企业的 CMM 处于可重复级，至少说明该企业的软件开发过程是"有章可循"的，即软件的开发过程是有计划的、可监控的、可追踪的，每一个软件的开发过程都处在企业项目管理系统的有效控制中。企业内部每一个软件的开发成功或每一个软件项目运作成功的因素都不是偶然的，而是可重复的。

（3）已定义级。

CMM 已定义级是指在可重复级的基础上，软件企业内部制订了一套软件过程和规范，来对所有软件工程和管理行为给予指导。软件管理活动和开发活动两方面的过程都已得到标准化定义，即软件过程文档化（企业根据自身情况，已制定出一套自有的软件工程文档模板）；标准化（企业已明确定义或制定出每一类软件文档在内容上的编写要求以及格式上的编写规范），这些标准和规范被明确编撰成文，并被统一收集起来，集成到企业内部的软件过程标准中去。

通常，国内一些比较规范的中大型软件企业的 CMM 都能达到已定义级。在这些规范的软件企业中，软件工程活动、管理活动都在标准化的基础上成为一个有机整体，软件过程的实施是稳定的、重复的和具有持续性的，软件过程已被编制为若干个标准化过程，并在企业范围内执行。在软件开发过程中，开发部门与测试部门会采用各种形式的评审方法保证软件质量，引入一些计算机 case 管理工具提高软件开发效率。软件开发和管理更具有可重复性、可控制性、稳定性和持续性。

（4）已管理级。

在 CMM 的已管理级中，软件企业对软件开发的过程已建立了相应的度量方式，所有软件产品的质量都有明确的定量化的衡量标准。在该级别中，软件的开发全过程（包括测试过程）及其每一个子过程均建立相应的度量方式和明确的度量指标，并且度量是详尽的，且可用于理解和控制软件开发过程。

企业若达到CMM已管理级,要求能够把软件产品的开发真正变成一种工业化、标准化的生产活动,其最终开发出来(形成)的软件产品不仅要求具有高质量,而且其开发(运作)流程也要求能够定量化、可预测化与可预见化。相对而言,国内软件企业(或信息类企业)的CMM能达到已管理级还是具有一定难度的。因为该级别一方面要求其软件产品的运作过程可以被明确地衡量(度量)与控制,另一方面要求软件产品的质量也是可预见和可控制的。即软件产品的各项质量指标(参数)要做到定量化与可预测化。

(5) 优化级。

在CMM优化级中,软件企业要能够在已管理级的基础上特别关注软件过程改进的持续性,以增强软件开发的可预见性、可控制性,不断地提高软件过程的处理能力。

优化级是CMM的最高级别,像东软股份有限公司(沈阳)、华信计算机技术有限公司(大连)、摩托罗拉中国软件中心、惠普中国软件研发中心、新宇科技集团(北京)等一些国内知名大型软件企业都已达到CMM的优化级。这些企业最显著的特点是能够对软件过程的衡量标准和评价标准进行持续的改进与优化,并把软件过程的不断改进及其新技术的应用作为企业的常规工作。

此外,CMM为软件企业的软件过程能力成熟度提供了一个阶梯式的进化框架,如图7.4所示。企业的CMM等级若要从一个等级提升至更高一级,需要采取以下措施(途径)加以改进,如表7.6所示。

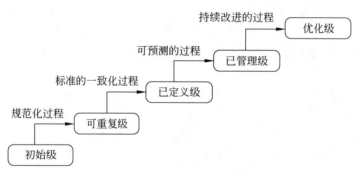

图 7.4 CMM 提供的阶梯式进化框架

表 7.6 CMM 等级提升及其采取的主要措施

CMM 等级提升	主要采取的措施
从初始级到可重复级	软件开发需要有一套基本的、规范化的运作过(流)程,符合现代软件项目管理规律
从可重复级到已定义级	软件企业需要严格制定出一套明确化、系统化、标准化的软件过程与规范(以形成文档的形式),指导软件开发及管理过程(行为)
从已定义级到已管理级	软件开发的各个(子)过程及最终产品质量需要有明确的定量化的(数据)衡量标准,可以具体地运用到软件产品的控制当中,软件的开发过程是可预测的
从已管理级到优化级	软件开发的全过程是一个可持续性的、可改进的过程。即软件企业在已定义级的基础上还能逐渐完善已有的软件开发过程,包括对各种软件开发新技术、新工具、新方法的应用,做到创新式改进

可见,CMM 的这 5 个等级为企业软件过程的不断改进奠定了循序渐进的基础,也为企业自身的软件开发(生产、运作)能力与成熟度水平提供了客观的依据。

7.2.3　我国软件企业实施 CMM 的现状

软件企业实施 CMM 的现实意义主要在于它可以大幅度地提高软件开发及管理规范化水平,帮助企业迅速学习与建立起现代软件工程过程,对于提高 IT 行业从业人员的素养,增强软件企业在国际软件市场中的竞争力具有重要意义。

目前,我国软件行业越来越重视 CMM 评估以及基于 CMM 的软件过程改进,国内软件企业的规范化程度有了显著的提高。同时,国家也出台了一些政策法规,鼓励软件行业进行能力成熟度认定工作,各地方政府也制定了相关奖励标准,积极推进。据不完全统计,国内每年都有很多家软件企业积极开展 CMM 评估及认证工作。这对改变我国的软件工程文化,提高软件人员的素质具有积极的意义。CMM 评估及认证工作不仅对我国软件产业经济的发展具有重要作用,也为增强我国软件企业的国际竞争力创造了条件。

但是,与国际上一些发达国家的软件企业相比,我国软件产业的起步总体较晚,软件从业人员的经验相对欠缺,目前,国内还有许多中小(微)企业未能建立起一套完善的软件工程过程(体系)。直到 2008 年,中国也只有少部分有实力的软件企业通过了 CMM 优化级(CMM5)的认证。与此同时,不用说欧美国家,仅印度通过 CMM5 认证的企业数目就远高于中国。

近年来,中国的很多软件企业已经开始走上标准化、规范化、国际化的发展道路,从长远意义上讲,把通过 CMM5 认证作为企业软件研发能力的标识是没有错的。但是,企业也要正确认识 CMM 的作用,因为软件规范开发过程的建立及其改进措施是一个长期的积累过程,需要企业自身在软件开发及实践中不断去遵循。不能为了"CMM5 认证"而去认证,因为通过 CMM5 认证不是目的,只是软件过程改进的手段。对于国内一些刚组建的、资金实力并非很雄厚的地方中小(微)软件企业,仅把获得 CMM5 资质证书作为目标也是不现实的,单纯强调 CMM5 认证,却没有历经大量规范的软件开发过程的积累与实践,急于求成,也许能够获得认证证书,却使得理论与企业真正的软件实践过程严重脱节,有名无实。所以,软件企业应该首先充分了解自身运营管理状况,要对本企业有一个准确的现状评价,对照 CMM 的相应级别找到自己的位置,找到实施 CMM5 的切入点,制定一个长短期目标,切忌"浮于形式",更不能"揠苗助长"。如何在 CMM5 的评估及认证过程中避免"形式主义"和"激进冒进",是当前众多软件企业尤其是软件项目管理者需要考虑的一个重要问题。

此外,企业还需要正确处理实施 CMM 和软件业务之间产生的矛盾。任何一个软件企业刚开始实施 CMM 的时候,都需要在人力、物力上有较大的投入,这就会与现有业务发生时间、人员、资源等方面的冲突。工作流程的改变也会在一段时间内降低工作效率及企业的经济效益。在这种情况下,企业管理层要谨慎和全面地协调资源,每个开发人员也要认识到实施 CMM 可以提高个人能力,对于项目的高效率运转是有帮助的。只有上下一心,才能使 CMM 的实施坚持下去。[①②]

---

① 刘新航. 软件工程与项目管理案例教程[M]. 北京:北京大学出版社,2009.
② 李静雯,杨善红. CMM 在中国软件业的现状分析[J]. 四川理工学院学报,2008(2):57-59.

7.3 软件测试的未来

7.3.1 移动终端 App 测试

在当前移动互联时代,智能手机、平板电脑、车载电脑等各类智能化移动终端设备已成为人们日常生活中必不可少的综合信息处理平台。从 2012 年国内总共只有 0.7 亿台到当前国内人均拥有数量已超过 1 部智能化移动终端设备,可见移动通信产业正走向真正的移动信息时代。移动智能终端引发的颠覆性变革揭开了移动互联网产业发展的序幕,也开启了一个新的技术产业周期。据不完全统计,当前全球平均每台智能化移动终端设备会安装 30 个以上的各类移动终端应用程序(App),而截止到 2020 年,全球将会有超过 2500 万个移动应用程序运行于各类移动终端设备中,如图 7.5 所示。所以,针对移动终端的 App 测试显得尤为重要,这也是当前软件测试的发展方向之一。

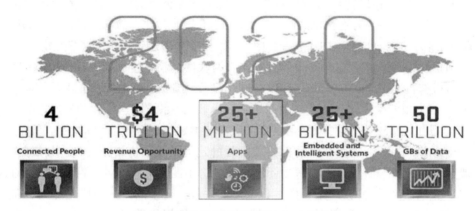

图 7.5　移动终端应用程序(App)的数量

本小节提到的移动终端 App 指的可以是当前智能手机上的各类 App(包括基于 Android 平台或基于 iOS 平台),也可以是基于平板电脑、车载电脑以及日常生活领域的各种智能终端设备上的各类 App。这些 App 的应用特点主要有版本更新快、对用户体验要求高、对网络稳定性要求高等。例如,很多手机用户在选用智能手机 App 时,不仅要求能够正确实现功能,还对其易用性、兼容性、用户体验效果(人机交互方式)、安全性(如个人隐私)、网络(运行)性能,甚至 App 在运行期间所耗费的网络流量及耗电量方面等都有很高的要求。

针对某移动终端 App 的应用测试,朱少民[①]认为,除了要对该 App 本身的程序代码进行单元测试,对该 App 的(系统)功能进行测试,还要对下列方面进行测试,如表 7.7 所示。

---

① 朱少民. 软件测试[M].2 版. 北京:人民邮电出版社,2016.

表 7.7 移动终端 App 的测试内容

App 的测试内容	测试内容描述
兼容性测试	被测 App 与手机硬件是否兼容,与手机操作系统是否兼容等
交互性测试	被测 App 与其他应用程序能否同时发生(例如,某智能手机上的一个 QQ 应用 App 运行时,突然手机上另一个游戏 App 也启动了,需要测试不同的操作之间是否有影响)
用户体验测试	主要是对被测 App 的易用性方面的测试。例如,该 App 界面的横竖切换、用户触摸方式、分页、导航等操作是否灵活、方便等
耗电量测试	对被测 App 运行时所消耗的手机电量的测试
网络流量测试	被测 App 运行时,测试其对网络信号的选择(接入)方式、耗费网络流量等情况
网络连接测试	在当前网络信号弱(甚至无网络)的环境下,被测 App 运行稳定性、容错性如何,被测 App 是否支持离线操作等
性能测试	在移动设备(如智能手机)端,测试某 App 长期运行时所占用的 CPU 资源、内存资源等情况
稳定性测试	主要是对被测 App"闪退"情况的测试,即测试与分析某 App 出现"闪退"或发生"死机"情况的概率

关于移动终端 App 的耗电量测试与网络流量测试,目前国内很多测试机构把对移动 App 的耗电量、耗费网络流量的测试归属为软件专项测评的范畴,需要有专业的移动设备开发商、网络运营商参与。例如,某智能手机 App 具有良好的各项功能,但是运行一段时间后手机壳就会发热,尽管其不影响正常使用;或者该 App 运行时会首先选择耗费手机用户的移动数据流量,而不是选择周边免费的无线网络信号或用户的上网包月流量等,因而花费了额外的费用。从软件测试的角度看,上述现象不能算作严格意义上的软件缺陷,但是从用户的实用角度看,这些问题需要避免。

实际上,移动智能设备上的 App 应用测试要比对普通 Web 软件(基于 PC 平台)的测试过程复杂得多。例如,智能手机终端的 App 不仅要完成功能测试,还要由其自身特点及不同用户应用场景以及基于运行的平台(如 Android 平台、iOS 平台等)决定测试过程,这将成为当前及未来软件测试领域的热点研究话题。

例如,贺满[①]也提出了对移动终端 App 的测试内容,并且要求必须在实际运行环境中(如真实的智能手机上)对以下情况进行完整的测试。

(1)安装、卸载测试。

在真机上进行 App 的安装与卸载测试,包括 App 在手机内存中以及 SD 卡上的安装及卸载测试。

(2)启动 App 测试。

(3)升级测试。

主要包括测试数字签名、升级、覆盖安装、下载后手动覆盖安装、跨版本升级、升级后

---

① 贺满. 移动终端 App 测试点总结[EB/OL]. (2015-04-12)[2019-11-03]. https://www.cnblogs.com/ puresoul/ p/4420940.html.

是否可以正常使用等。

注：覆盖安装要确保数据库有字段更新时即能正常更新，否则就容易导致 App 的异常。

（4）功能测试。

包括功能点测试，业务逻辑测试，关联性测试（主要测试客户端与 PC 端的交互，客户端处理完后，PC 端与客户端数据一致），服务端接口测试（主要通过访问服务端接口来验证服务端业务逻辑功能点是否正确）。

（5）数据对比测试。

在真机上进行测试，同时与数据库中实际的插入记录做对比。还要对比与主站的相同流程。

（6）性能测试。

（7）安全性测试。

（8）手机操作系统（如 Android、iOS 等）的特性测试。

例如，包括对手机的横竖屏、Home 键、音量键、Power 键测试等。

（9）各种网络状态下进行的测试（包括飞行模式、静音模式等）。

（10）中断性测试。

例如，发生突然来电话、短信弹出、低电量等突发情况时，对 App 能否正常使用进行测试。

（11）App 切换测试（如 App 程序最小化、多个 App 切换等情况下进行测试）。

（12）关机、待机后 App 能否正常使用测试。

（13）兼容性测试。

对手机操作系统（如 Android、iOS 等）的各种版本、各种分辨率下以及与其他一些第三方 App 的兼容性测试等。

（14）测试 App 在清空数据后或者强制退出后是否还能正常运行。

（15）测试 App 跳转到另一个界面再返回来，以及跳转到系统 API 方面的稳定性。

（16）测试 App 对手机各类资源的占用情况（如 CPU、内存、耗电、流量等）。

（17）对 App 本身涉及的权限方面的测试。

（18）测试 App 长时间在开机状态下运行是否会出现异常情况。

（19）互动分享。

如果被测 App 程序包括分享功能，测试单击"分享"的时候是否会正常给出分享提示，以及单击"分享"后所填写的分享内容是否正确等。

目前，国际上也有一些测试机构通过建立（借助）一个基于云的、开放的、公共的测试平台（众测平台），把移动 App 应用相关测试任务发布到该平台上，让所有的平台用户自愿领取相应的测试任务，这样能够真实地反映出不同用户群体对移动终端 App 的应用需求。

由于这类测试方式完全是基于用户自愿的行为，所以为了鼓励用户多参与测试，很多测试机构会准备一些小奖品、小礼品等，用于奖励参与测试并真正发现 bug 的用户。

7.3.2　软件探索性测试

软件探索性(式)测试是一种测试思想或测试策略,要求测试人员在实际测试过程中同时展开测试学习、测试设计、测试执行和测试结果评估等活动,以达到持续优化测试工作的目的。

探索性测试不是也不隶属于某一种具体的软件测试方法(如白盒测试、黑盒测试等),在实际测试应用中不会受到测试软件某一特性或方面(如功能测试、性能测试、易用性测试、用户界面测试等)的约束,在软件开发过程中的任一测试阶段(如单元测试、集成测试系统测试、验收测试等)均可应用,亦可运用于不同的测试实施组织(如用户测试、第三方测试等)或与相应的测试技术结合起来。

软件探索性测试是近年来针对脚本化测试过程中严格遵循"先测试设计,后测试执行"策略所暴露出的若干问题提出的。例如,测试初期因测试需求不明确而无法确定测试场景;测试执行对需求变更的应对能力较弱,测试环境与组合的不断变化使脚本化测试难以及时跟踪;测试人员使用事先设计好的测试用例指导测试实施过程会降低测试者的主观能动性;耗费在测试设计阶段的时间已远远超过测试执行时间而增加测试成本等。

当前,很多软件企业在实际测试项目的运作过程中,均存在测试初期缺乏相关文档资料、测试人员缺乏相应专业技能、没有充裕时间编写测试计划和测试脚本、短时间内软件开发版本演化过于频繁等现状。测试人员在测试实践中均有意或无意地不同程度采用"探索或摸索的思想"执行测试过程来弥补脚本化测试的不足,从而引入了对软件"探索式测试"的思维方式。

软件探索性测试及其应用已成为当前国内外软件测试领域讨论的热点话题,也是软件测试的一个发展方向,更是近几年本书作者感兴趣的科研课题。

本小节内容主要摘自余久久[1][2][3]、史亮[4]等人关于软件探索性(式)测试的学术研究成果,旨在为初学者介绍当前软件探索性测试的研究现状、组织与实施过程以及常用的探索性测试设计方法等。更多内容,读者可以自行阅读以上文献中的内容。

1. 软件探索性测试的研究现状

软件探索性测试已成为当前国内外软件测试领域讨论的热点话题。探索性测试发起人之一 Whittaker 在其著作 *Exploratory Software Testing* 一书中把探索性测试人员形象地比作即将"对某一座陌生城市进行观光"的旅游者,要凭借自身"已有的经验"充分展示利用"漫游"的形式完成各类测试实践活动,以及在不同测试场景中尝试漫游变化及其组合,以发现软件系统中更多的软件缺陷。遗憾的是,Whittaker 并没有告知人们如何在实测中从头至尾地组织探索性测试活动,也没有针对实测项目提出完善的、有效的探索性测试及其过程管理模型,以及如何控制探索性测试带来的潜在风险等。

---

①　余久久,张佑生. 软件探索性测试研究进展[J]. 实验室研究与探索,2014(2):93-101.

②　余久久. 软件探索性测试发展及其关键技术展望[J]. 宜宾学院学报,2017(12):57-60.

③　余久久. 专题学习网站探索性测试方法探究[J]. 通化师范学院学报,2018(12):55-59.

④　史亮,高翔. 探索式软件测试实践之路[M]. 北京:电子工业出版社,2012.

受此启发,国外相关软件测试机构及学术组织已着手开展探索性测试及其相关技术的研究工作,并从探索性测试设计方法的分类研究出发,理论上提出了(纯)自由风格、基于场景的、漫游探索的探索性测试方法及其适用场合。测试设计内容并非都是测试用例,可以是同类(包括之前版本)软件的失效信息列表、缺陷信息等。针对基于网络的中小(微)规模的 Web 测试项目,通过与传统测试方法比较与实测数据,探索性测试能够发现很多易用性、软件操作以及图形用户界面(GUI)方面的缺陷。

国内的研究工作则起步较晚,起初并不受重视。国内的一些软件测试机构认为,仍然要以脚本化测试为"主导",探索性测试为"辅助"。探索性测试仅仅为测试者启发一点新的测试思路,"额外发挥一下",可有可无,不能成为主流测试方法。但是,随着国内众多软件企业不断面临软件版本快速发布的压力,遵循"先测试设计,后测试执行"的脚本化测试方法已显得力不从心,实际上越来越多的测试人员在实测中均有意或无意采取了"基于探索或摸索的思想"来设计、选择与执行软件测试用例,实现"同时进行测试设计与执行",开展各项测试活动,形成如图 7.6 所示的软件探索性测试流程。这样既充分发挥了测试者主动发现与思考的能力,又让测试活动进行得更深入与彻底,使得探索性测试逐步运用于各类测试实践中。

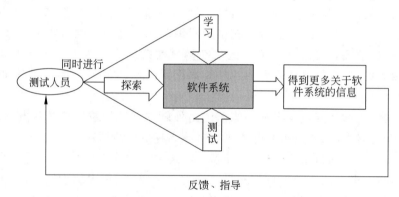

图 7.6　软件探索性测试流程

2. 探索性测试的组织与实施过程

在探索性测试中,平行展开且相互支持而形成循环反馈的学习、设计、执行与结果分析 4 个测试活动构成了测试实施过程。在学习阶段中,学习内容不仅包括被测软件的用途和系统需求、用途及特性,也包括对相关软件的风险与失效信息(如同类软件或被测对象以前版本的失效信息),被测对象的隐形规格说明(如开发人员、专家和用户等软件不同利益相关者提出的设计规格要求)等。在设计阶段中,由学习阶段所获得的一切与软件有关的信息而设计出高效的测试用例(集合)来定位软件潜在的缺陷风险,是该阶段重要的挑战。例如,可以把开发针对测试对象的测试数据与判断准则作为探索性测试设计的输出,但不必形成规范的脚本文档(例如简单的被测功能信息清单等);可以让测试设计的内容来源于(市场上同类)软件的失效列表等。执行阶段可以采用手工测试或自动化测试方式,通常采用不拘泥于测试计划实现,而易于激发测试人员测试主观创造性的结对测试方式(两位测试人员同时参与测试过程,其中一人执行测试活动,另一人记录测试结果并提供测试建议或提出问题)进行。其优点在于把两个不同背景的测试人员的测试信息洞察力集中在一起来分析问题,有利于测试思想的激发与延伸。结果分析主要是判断测试用例(脚本)是否执行,测试过程中是否产生新发现或存在测试遗漏等问题。实际上,很多测试机构均认为实施探索性测试的难点在于测试执行环节,需要具有丰富测试设计经验的测试者在项目开发周期中不完全依赖事先编写好的测试用例或测试脚本,能充分发挥自由想象空间去探索被测对象。

当前国内外不少专家学者都一致提出"以脚本化测试为主,以探索性测试为辅"的二者相互融合的实施方案,能在不同项目中采取不同的结合方式,以取得良好的测试效果。例如,在软件测试之初以正式脚本为指导,然后在脚本中随机加入各种变化,进行探索性测试并观察;或是先有计划地修改事先所制定测试脚本中定义的某些步骤,再进行测试;或先脱离测试脚本的描述,而使用探索性测试思想进行自由发挥,再马上回到脚本中等。尽管以上研究已取得一定进展,但是当前针对有关探索性测试执行环节中如何取代脚本化测试中事先设计测试用例的活动,而采用另一种途径计划、建构、引导及追踪测试过程的探究仍属空白,将成为未来软件测试领域关注的热点方向。

2. 探索性测试设计方法

软件探索性测试设计强调的是自由式、启发式的测试思路。它不受具体的测试技术或测试方法的约束,可以有效运用于各种测试环境中,帮助测试人员在复杂的环境下进行卓有成效的测试探索,取得更多的测试成效。

目前,业内主要从关注软件产品特定的风险及缺陷角度,针对特定的主题提出相应的探索性测试设计方法及测试手段,作为对开发周期较短的 Web 项目常规脚本化测试的有效补充。主要有针对被测软件的单个特性的探索性测试设计方法(见表7.8)、多个特性的探索性测试设计方法(见表7.9)、系统交互测试的探索性测试设计方法(见图7.7),以及用户应用场景变化的探索性测试设计方法(见表7.10)。这些探索性测试设计方法可以结合实际测试环境帮助测试人员思考整体测试策略,往往能发现意想不到的软件缺陷。

表 7.8　单个特性的探索性测试设计方法

适用范畴	名称	测试(设计)方法描述	测试意义(价值)
新入职的且无测试经验的测试人员采取的测试方法	卖点法	测试软件中最能吸引用户的功能特性	发现软件设计的偏差,节省开发成本
	懒汉法	减少测试输入流程对某一功能点进行测试(如不输入字段值而对字段的默认值测试)	提高软件的健壮性与可靠性
	配角法	测试紧邻主要功能的次要功能点	提高软件功能的完整性
	恶邻法	测试含缺陷较多的某一功能的邻近功能	提高软件整体功能的正确性
	超模法	测试用户界面属性(美观性、友好性等)	提高软件功能的易用性

续表

适用范畴	名称	测试(设计)方法描述	测试意义(价值)
新入职的且无测试经验的测试人员采取的测试方法	反叛法	测试无意义或不可能的数据	提高软件的容错性
	强迫症法	反复测试输入同样的数据	提高软件的健壮性
	极限法	对某个功能特性提出较多难以回答的问题进行测试	提高软件的应变承受能力
有一定测试经验的测试人员采取的测试方法	取消法	启动对某些需要较长时间才能完成运行功能的操作后,再执行取消操作	测试程序的自我清除能力
	通宵法	长时间持续不断测试某个特性的运行状态	提高软件的稳定性与可靠性
	麻烦法	测试软件在非正常使用方式下的应对能力	提高软件的异常性承受能力
	测一送一法	测试一个应用程序的多个运用实例	提高软件在多线程下的并发处理能力
	破坏法	制造"恶劣"运行环境(可以是修改程序运行内存值为最小、断开数据库连接、限制被测软件运行所需的网速以及人为注入一些系统故障等)破坏产品的运行	检测系统的容错性

表 7.9　多个特性的探索性测试设计方法

适用范畴	名称	测试(设计)方法描述	测试意义(价值)
被测对象多个功能交互特性的测试方法	地标测试法	确定被测任务所含多个关键特性的前后顺序,测试其交互过程	了解关键特性的实现步骤,提高功能特性交互的测试覆盖率
	快递测试法	在确定被测任务所使用的内部数据基础上,通过操作软件使该数据覆盖(遍历)被测任务执行时的相关特性	检测软件多个特性实现交互时内部数据变化是否正确
	遍历测试法	按顺序找出极其相似的功能特性并分类,进行顺序测试	发现类似功能特性是否正确实现
	上一版测试法	使用以前版本的场景或测试用例测试新版本的任务需求	发现软件升级后有无功能遗漏
	博物馆测试法	访问代码库中对修改后的某个任务所遗留的代码进行测试	发现代码修改后在新环境下是否失效,降低软件设计风险
	深巷测试法	选择用户关注度最小或最易被忽视的被测任务若干特性进行测试	发现功能需求之外的某些意想不到的问题
	长路径测试法	测试历经多次操作(如访问多个页面)才能实现的某一任务或需要通过操作多个业务功能所完成的某一个复杂任务	发现任务中最深处的功能界面是否存在异常,提高对复杂功能交互的测试覆盖率

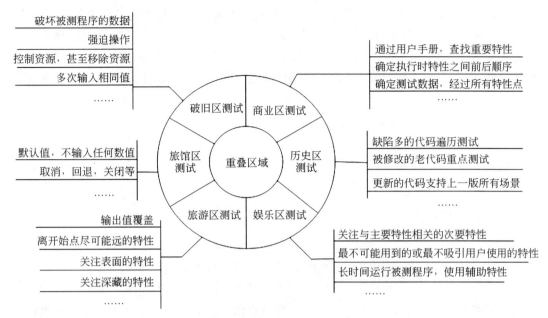

图 7.7　系统交互测试的探索性测试设计方法

表 7.10　用户应用场景变化的探索性测试设计方法

场景变化方案	测试变化内容	测试（设计）方法描述	测试意义（价值）
插入	增添数据	对基础场景添加更多提到的数据	多样的测试数据提高功能稳定性
	使用附加输入	对基础场景添加未提到的数据	提高与基础场景相关功能的正确性
	访问新界面	测试与基础场景有关的其他功能界面	能否访问或触发与基础场景有关的其他功能界面
删除	删除部分步骤	测试去除基础场景中的可选步骤	测试在缺少信息（或从属功能）时某功能的正确性
重复	重复部分步骤	重复某单个步骤或一组步骤改变测试场景	测试某功能新的代码路径，发现可能与数据初始化相关的缺陷
替换	替换部分步骤	使用新步骤替换基础场景中的某个具体步骤	提高完成某个功能对于不同选项操作的有效性
	替换部分数据	修改或替换基础场景所使用的数据源改变场景的初始条件	测试某功能所依赖的不同数据源是否可靠，提高功能在不同环境下运行的兼容性
	替换版本	在不同的软件版本上运行场景	提高与软件兼容性测试的覆盖率
	替换硬件	在不同机器上运行场景	提高与硬件兼容性测试的覆盖率
	替换本地配置信息	修改场景所依赖的信息，例如文件注册表信息，配置文件信息	提高系统的容错性

总之,探索性测试作为一种不依赖具体测试技术的测试思想或测试思考风格,是对常规脚本化测试的有益补充,但是不能完全取而代之。测试人员需要具备良好的测试素养与主观测试能动性,结合实际测试项目与测试环境合理应用探索性测试方法。作为一种前沿测试理论,探索性测试还需要进一步的研究与探索,这对软件测试的发展具有深远意义。

7.3.3 人工智能时代下的软件测试

在人工智能时代下,软件应用及服务无处不在。云技术、物联网、大数据、人工智能(AI)等应用更为软件测试带来新的挑战[①]。

1. 人工智能简介

人工智能(Artificial Intelligence,AI),就是梦想创造出像人类一样拥有智能、认知、情感以及一些人类不具有的特殊技能(如飞行、隐身、变形等)方面的机器(人),这是人类的终极梦想之一。其实,国际上早在 20 世纪 50 年代就首次提出了"人工智能"的概念,当时的科学家曾乐观地估计,二十年左右,人类就可以实现人工智能。然而,科学家也很快就发现其难度远大于预估。目前,学术界把人工智能泛指为机器能够将某项特定的任务完成得与人类一样好,甚至超过人类(如智能计算、语言识别、指纹识别、人脸识别、图像分类等),也就是通常所说的"机器学习"。2016 年战胜世界围棋冠军李世石的人工智能机器人 Alpha Go 的出现,表明对人工智能在"机器学习"方面的研究才有所突破。至于研制出像美国"变形金刚"这样具有飞行、变形等特殊技能方面的机器人,目前只存在于科幻电影之中。

2. 人工智能为软件测试带来的变化

在人工智能时代,软件测试可能会在以下方面发生巨大变化。软件测试发展到如今,基本可以分成手工测试和自动化测试,内容如下。

(1) 手工测试。

通过手工方式完成软件的测试。这种方式费时费力,重复性的工作让测试人员倍感疲倦。但是,目前的软件测试还不能完全取消手工测试,其原因主要在于有些手工测试转换成自动化测试的难度太大或者成本太高。

(2) 自动化测试。

自动化测试能极大提高软件测试的效率,减轻测试人员的负担。理论上来说,重复性的测试工作都应该做到自动化。

随着软件规模的扩大,传统的手工测试方法越来越难以应对日益增长的测试需求对测试人员的挑战。随着软件开发时间的增长,被测功能点可能会呈指数级增长,因为新的功能和状态与现有的功能进行交互,而测试却只能一次增加一个,只能线性增长,这中间

---

① 丁涵. 人工智能时代的软件测试[EB/OL]. (2018-03-13)[2020-02-05]. http://www.51testing.com/html/70/n -3725070.html.

存在测试无法覆盖的空白。同时,因为事先确定了测试的预期结果,当软件功能发生变化时,测试用例也得做出修改,维护自动化测试用例也是软件测试隐藏的成本。

而在人工智能时代,首先,软件测试会变得更简单。人工智能在机器学习方面擅长的就是通过数据训练来完成新的情形的处理,这意味着测试人员不需要再大量手工编写自动化测试用例和执行测试,而是利用人工智能自动创建测试用例并执行。

测试人员的主要工作不再是执行测试,甚至也不是设计自动化测试用例,而是提供输入、输出数据来训练"人工智能",最终让人工智能自动生成测试用例并执行。对于某些通用测试,只需要一个被验证过的模型,甚至连数据也无须提供。

我们把这种能够自动生成测试用例的系统叫作 Bot 系统,它可以一次生成大量的组合测试用例,有效解决被测软件功能点和测试点的覆盖空白问题。大约 80% 的测试工作将由 Bot 系统自动完成,而测试人员的主要精力会被解放出来,以放在更有创造性的软件探索性测试任务上。

例如,当前的基于人工智能的移动 App 自动化测试平台(Appdiff)就是一个很不错的测试平台,它能够完成一个典型移动 App 应用程序的 90% 左右的界面测试,而且比人手工测试做得更好。

其次,人工智能的 Bot 系统可以发现更多的 bug。Bot 系统一边测试,一边时刻不停地新增数据输入,测试能力会越来越好,因而能够发现更多的 bug。与此同时,对于迭代频繁的软件开发而言,当回归测试中发现了一个软件 bug 后,测试人员常常需要确定这个 bug 是什么时候引入的,这往往需要耗费大量的精力和时间,而人工智能的 Bot 系统能够持续地跟踪软件开发过程,找出 bug 被引入的时间,从而为开发人员提供有效信息。

最后,基于人工智能的软件测试也会让一些测试人员感到困惑。测试人员可能会怀疑人工智能测试的有效性,要消除这种不信任,就需要掌握不同于传统测试人员的技能,他们需要更多地聚焦在数据科学技能上,还需要了解一些机器学习的原理。

当然,也许有人会问,人工智能时代下软件测试人员的工作会被人工智能"抢走"吗?

这个答案不能直接用 Yes 或 No 来回答。因为人工智能的 Bot 系统比较适合那些重复性较强的测试任务,如果测试人员的工作内容重复性较高,无创造性,那么迟早会被人工智能所取代。然而对于那些需要一些创造性和比较困难的测试任务,人工智能目前还无能为力。

所以,AI is the new electricity——这是当前学术界对于人工智能的一个很恰当的观点。对于软件测试来说,人工智能仍是一个工具、一个聪明的助手。而对于测试人员来说,需要拥抱测试需求变化,提升测试应用能力,这样才能更好地利用人工智能带来的能量!

7.4　思考与习题

1. 软件自动化测试的显著特点有哪些?
2. 相比较传统软件测试,自动化测试的优势主要体现在哪些方面?
3. 简述选择软件测试工具时要考虑的因素。

4. 测试工具不适用于哪些测试场合？

5. 现代企业关于软件质量保证包括的内容主要有哪些？

6. 你是如何理解软件过程的概念的？

7. 软件能力成熟度模型(CMM)的 5 个等级分别表示什么含义？

8. 请结合 CMM 理论，谈一谈如何有效提升一个软件企业的 CMM 等级。

9. 针对移动终端 App，需要对其哪些方面进行测试？

10. 谈一谈你对软件探索性测试的认识。

11. 软件探索性测试设计方法主要有哪些？

12. 人工智能为当前软件测试带来的变化主要是什么？

13. 谈一谈如何用软件探索性测试设计方法对智能手机中的某个微信小程序进行测试。

ISTQB 简介

国际软件测试认证委员会（International Software Testing Qualification Board，ISTQB）是国际唯一权威的软件测试认证机构，主要负责制定和推广国际通用资质认证框架，即国际软件测试资质认证委员会推广的软件测试工程师认证（ISTQB—Certified Tester）项目。ISTQB 是全球第一大软件测试人才认证机构，也是国际软件测试行业唯一公认的认证标准。

目前，ISTQB 认证已覆盖美国、英国、德国、法国、中国、日本、挪威、加拿大、澳大利亚、印度、以色列等全球 120 多个国家及地区。

截止到 2019 年底，中国已有约 2 万余名软件测试人员持有 ISTQB（认证）证书，而全球持有 ISTQB 证书的总人数却超过 92 万。据了解，是否拥有 ISTQB 证书也已成为 HP、IBM、Siemens、SAP、Oracle、索尼、华为、联想、阿里巴巴、东软、中科软、大唐电信、方正国际等国内外知名企业选拔软件测试人才的重要依据。随着国内软件测试行业的快速发展，获得国际软件测试认证已经成为从事软件测试的"上岗证"。对于个人来说，获得了 ISTQB 相应证书，不但可以掌握统一标准的软件测试技术和实践方法，使多年学习和应用软件测试技术的知识和经验系统化，还可以获得国际化标准的软件测试职业发展框架，提高职场竞争力，赢得更多的竞争机会。对于企业来说，拥有 ISTQB 证书的员工，不但能获得企业、客户和同行的高度认可，还可以为企业建立良好的软件测试及质量保证服务体系和技术标准，让企业获得国际化竞争优势和更多的商业的价值。

ISTQB 证书分为基础级（Foundation Level）、高级（Advanced Level）和专家级（Expert Level）3 个级别，学员必须先从 ISTQB 的基础级证书开始考起，要求具有大学专科以上学历。有志于从事软件测试相关工作的各类技术人员、计算机与软件技术类、信息类等本科专业在校大学生以及刚入职不久的软件测试从业人员尤其适合报考 ISTQB 基础级。

ISTQB 高级证书报考条件是已获得 ISTQB 基础级证书，具有 3 年以上的软件测试相关工作经验。ISTQB 专家级证书报考条件是已获得 ISTQB 高级证书，具有 8 年以上软件测试相关工作经验。目前，国内也有很多软件企业把获得 ISTQB 基础级证书、高级证书、专家级证书作为评定助理工程师、工程师、高级工程师任职资格的依据。

关于 ISTQB 基础级的认证考试,考试试题从 ISTQB 题库中随机选取。采取闭卷笔试的形式(可以选择中文或英文考试),考试时间为 1 小时,获得 60 分及以上分数则通过考试。对于中国考生,考试通过后,将由 CSTQB(中国软件测试认证委员会,是 ISTQB 大中华区的唯一授权分会)颁发相应级别的 ISTQB-Certified Tester 证书。

目前,国内各大城市基本上都有 ISTQB 考点,考生可以就近选择考点进行考试。关于 ISTQB 的具体考试时间、考试地点以及 ISTQB 各级别的考试大纲等相关电子复习资料,可以登录 ISTQB 的中国官网(http://www.istqb.org.cn)查询并免费获取。

注:附录 1 内容部分摘自 ISTQB 中国官网(网址:http://www.istqb.org.cn)以及国内的 51testing 软件测试网(网址:http://www.51testing.com)。

参考文献

REFERENCES

[1] 郑炜,刘文兴,杨喜兵,等. 软件测试(慕课版)[M]. 北京:人民邮电出版社,2017.

[2] 简显锐,杨焰,胥林. 软件测试项目实战之功能测试篇[M]. 北京:人民邮电出版社,2016.

[3] 朱少民. 全程软件测试[M]. 3 版. 北京:人民邮电出版社,2019.

[4] 朱少民. 软件测试[M]. 2 版. 北京:人民邮电出版社,2016.

[5] 余久久. 软件工程简明教程[M]. 北京:清华大学出版社,2015.

[6] 威链优创. 软件测试技术实战教程——敏捷、Selenium 与 Jmeter[M]. 北京:人民邮电出版社,2019.

[7] 蔡建平,叶东升,康妍,等. 软件测试技术与实践[M]. 北京:清华大学出版社,2018.

[8] 赵聚雪,杨鹏. 软件测试管理与实践[M]. 北京:人民邮电出版社,2018.

[9] 刘德宝. 软件测试技术基础教程:理论、方法、面试[M]. 北京:人民邮电出版社,2016.

[10] 贺平. 软件测试教程[M]. 3 版. 北京:电子工业出版社,2014.

[11] 杨怀洲. 软件测试技术[M]. 北京:清华大学出版社,2019.

[12] 顾海花. 软件测试技术基础教程[M]. 2 版. 北京:电子工业出版社,2015.

[13] 杜文洁,王占军,高芳. 软件测试教程[M]. 2 版. 北京:中国水利水电出版社,2016.

[14] 冉娜,陈莉莉. 软件测试技术基础[M]. 北京:电子工业出版社,2017.

[15] 聂长海. 软件测试的概念与方法[M]. 北京:清华大学出版社,2013.

[16] 杜文洁. 软件测试教程[M]. 北京:清华大学出版社,2008.

[17] 史亮,高翔. 探索式软件测试实践之路[M]. 北京:电子工业出版社,2012.

[18] 刘新航. 软件工程与项目管理案例教程[M]. 北京:北京大学出版社,2009.

[19] 宫云战. 软件测试教程[M]. 北京:机械工业出版社,2019.

[20] 黎连业,王华,李龙,等. 软件测试技术与测试实训教程[M]. 北京:机械工业出版社,2012.

[21] 牛红,刘卫宏,唐国平. 软件测试基础教程[M]. 北京:机械工业出版社,2019.

[22] 周元哲. 软件测试[M]. 2 版. 北京:清华大学出版社,2017.

[23] 刘文乐 田秋成. 软件测试技术[M]. 北京:机械工业出版社,2018.

[24] 尹平. 可复用测试用例研究[J]. 计算机应用,2010(5):1309-1311.

[25] 余久久. 基于探索性测试思想的可复用测试用例设计过程研究[J]. 计算机技术与发展,2015(9)：187-193.

[26] 余久久,张佑生. 软件测试改进模型研究进展[J]. 计算机应用与软件,2012,29(11)：201-207.

[27] 余久久,张佑生. 软件探索性测试研究进展[J]. 实验室研究与探索,2014(2)：93-101.

[28] 余久久. 软件探索性测试发展及其关键技术展望[J]. 宜宾学院学报,2017(12)：57-60.

[29] 余久久. 专题学习网站探索性测试方法探究[J]. 通化师范学院学报,2018(12)：55-59.

[30] 李静雯,杨善红. CMM 在中国软件业的现状分析[J]. 四川理工学院学报,2008(2)：57-5.

[31] 吴俊. 敏捷测试在 S 银行软件项目中的应用研究[D]. 上海：东华大学硕士学位论文,2017.

[32] 王通. 基于软件需求的测试用例复用研究[D]. 北京：北京化工大学硕士学位论文,2017.

[33] 丁涵. 人工智能时代的软件测试[EB/OL]. (2018-03-13)[2020-02-05]. http://www.51testing.com/html/70/n-3725070.html.

[34] 贺满. 移动终端 app 测试点总结[EB/OL]. (2015-04-12)[2019-11-03]. https://www.cnblogs.com/puresoul/p/4420940.html.

[35] 丹姐 blog. 如何制定测试计划？[EB/OL]. (2019-04-21)[2019-10-23]. https://www.cnblogs.com/ZoeLiang/p/10746919.html.

[36] 爱学习的哆啦 A 梦. 测试用例书写规范[EB/OL]. (2019-04-27)[2019-11-29]. https://blog.csdn.net/weixin_44232308/article/details/89607847.

[37] 天之坚毅. 软件质量管理[EB/OL]. (2019-11-27)[2020-01-12]. https://www.cnblogs.com/sundawei7/p/11945341.html.

[38] 丹姐 blog. 自动化测试优势与劣势[EB/OL].(2019-04-21)[2019-12-21]. https://www.cnblogs.com/ZoeLiang/p/10746971.html.